SOFIA GHASAB

SELFMADE WOMAN

SOFIA GHASAB

MIT KAREN-SUSAN FESSEL

SELFMADE WOMAN

Mein Weg zur
erfolgreichen Unternehmerin
und wie auch du
es schaffen kannst

riva

INHALT

Prolog

Das tanzende Mädchen

Eine sanfte Brise weht durch den weitläufigen Garten mit seinen bunten Blumen und dem satten grünen Rasen. Die Blätter der niedrigen Akazien an der hohen Mauer rascheln im leichten Wind. Von irgendwoher kommt ein Vogelzwitschern, gefolgt vom leisen Keckern eines Hähers, das rasch verstummt, als der grelle Ruf eines Falken aus der Ferne zu hören ist.

Der Duft von Orangenbäumen schwebt durch die Luft, vermischt sich mit dem würzigen Geruch der hohen Eichen. Während die Sonne langsam hinter den hohen Mauern des Gartens hinabsinkt, leuchten die steilen Berghänge westlich der Stadt noch einmal rot auf.

Ein kleines Mädchen läuft den Weg zum Pavillon in der Mitte des Gartens hinunter, die kunstvoll zu einem ineinanderfließenden Mosaik gelegten Steine fühlen sich warm unter seinen Fußsohlen an. Es trägt ein rot gemustertes Kleid und ein hübsches silbernes Diadem in seinen seidigen dunklen Haaren.

Lachend läuft das Mädchen den Weg entlang, auf einen schlanken, blonden Mann mit leicht ergrauten Schläfen zu, der auf der großen Bank vor dem Pavillon sitzt und mit ernster Miene in den Garten hinabblickt, eine Zigarette in der Hand, deren rotglühende Spitze in der Dämmerung aufleuchtet. Als er die Schritte des Mädchens hört, hellt sich seine Miene auf, und er richtet sich auf und zieht noch ein letztes Mal an seiner Zigarette, bevor er sie ausdrückt. »Meine Prinzessin!«

»Baba!«

Das kleine Mädchen fliegt auf den Mann zu, lachend wirft es sich in seine Arme. Der Mann hebt es lächelnd in die Höhe, schwingt es herum und viele kleine Falten umkränzen seine blauen, sanften Augen. Er ist nicht mehr jung, aber auch noch nicht alt. Seine Stimme klingt weich, als er das kleine Mädchen auf dem Boden absetzt und beginnt, in die Hände zu klatschen. »Tanz, meine Prinzessin, tanz!«

Das kleine Mädchen hebt die Hände und beginnt, sich lachend im Kreis zu drehen. Seine Augen leuchten, leuchten im sanften Schein des Sommerabends, der Dämmerung, die sich über die Stadt, das Haus, den Garten hinabsenkt.

»Tanz, meine Prinzessin, tanz!« Der Mann klatscht in die Hände, und jetzt leuchtet sein Gesicht ebenso auf wie das des kleinen Mädchens. Ein Strahlen ist in seinen Augen, als das Mädchen die Hände noch höher emporreckt und den schmalen, zarten Körper im Rhythmus des Klatschens dreht. Sein helles Lachen perlt in den Himmel hinauf.

»Tanz, meine Prinzessin!«

Das Mädchen dreht sich und dreht sich immer schneller im Kreis, bis alles verfliegt, die Äste der Bäume, die Blüten der Blumen, das Gesicht des lächelnden Mannes, der dunklerwerdende Himmel …

Das Mädchen bin ich. Und der Mann, der fröhlich lächelnde Mann ist mein Vater. Und der Garten, in dem ich für ihn tanze, ist weit, weit entfernt. Unendlich weit.

Und zugleich für immer in meinem Herzen.

Hier und heute

»Sofia?«

Ich schrecke auf. Für einen Moment bin ich noch weit fort, bin ich wieder das kleine Mädchen, das damals, vor langer Zeit, für seinen Vater tanzt. Ich bin noch in Tabriz, der Stadt im Norden des Irans, in der ich geboren wurde und die ich viele Jahre später verließ, um nie mehr zurückzukehren.

Im nächsten Augenblick aber bin ich wieder hier, in der Gegenwart, in der Wirklichkeit. In Stuttgart, der Stadt im Süden Deutschlands, in der ich seit vielen Jahren lebe. In meinem Studio, dem Ort, den ich mir erschaffen habe, um genau das zu tun, was mich ausmacht. Meinem Lieblingsort.

»Sofia?« Selen, meine Assistentin, steht vor mir und sieht mich aufmerksam an, ein Lächeln in ihren sanften Zügen. »Sofia? Bist du so weit?« Sie legt eine Hand auf meinen Arm und nickt mir zu. Ich lege meine Hand für einen kurzen Augenblick auf die ihre und nicke.

»Ja«, sage ich. »Selbstverständlich. Ich bin so weit!«

Selen geht vor mir her in den ersten Behandlungsraum. Ich hole noch einmal tief Luft und sehe aus dem großen Fenster hinaus auf die Straße. Ein Auto fährt langsam vorbei, auf der anderen Straßenseite schiebt eine junge Mutter einen Kinderwagen den Gehsteig entlang und spricht dabei lachend in ihr Handy.

Ich höre, wie Selen mit der Kundin spricht, die sie soeben in den Behandlungsraum geführt hat. Die Kundin erwidert etwas und beide lachen vergnügt.

Einen Moment später klingelt das Telefon am Empfang. Ich höre Schritte, dann nimmt Selen den Anruf an. »*Sofia Ghasab Academy*, Selen am Apparat. Was kann ich für Sie tun?«

Sofia Ghasab Academy. Manchmal kann ich immer noch nicht glauben, dass mein Traum wirklich wahr geworden ist. Ich habe tatsächlich meine eigene Firma aufgebaut, meinen ganz eigenen, unverwechselbaren Stil kreiert, es geschafft, mich und meine Kunst der Welt zu zeigen. Eine halbe Million Menschen folgt mir auf Instagram, noch viele mehr kennen mich aus den Fernsehinterviews und Zeitungsreportagen. Die bislang drei Folgen der Reality-Show *Let's Get Real*, in der ich mit meinen beiden Freundinnen Senna Gammour und Seyda Taygur zu sehen bin, sind allesamt Quotenrenner gewesen.

Kund*innen aus aller Welt buchen mich und reisen Hunderte, manchmal sogar Tausende Kilometer hierher, um meine Kunst in Anspruch zu nehmen. Auch ich selbst fliege seit Jahren durch ganz Europa, erkläre meine selbst entwickelten Methoden, führe Schulungen durch, schenke vielen, vielen Frauen ein Stückchen Glück, trage vielleicht dazu bei, die Welt ein kleines bisschen schöner und damit besser zu machen.

Was für das Auge schön ist, ist auch für die Seele gut, davon bin ich überzeugt, heute mehr denn je.

Aber ich möchte noch mehr: Mut machen, indem ich erzähle, wie der Weg ausgesehen hat, den ich gegangen bin. Damit auch andere sich trauen, ihren eigenen Weg zu gehen. Andere junge, unsichere, ängstliche oder zornige Frauen (und auch Männer, na klar!). Menschen, denen das Schicksal genau wie mir eine Reihe dicker Steine in den Weg gelegt hat.

Ich möchte erzählen, wie es mir gelungen ist, über diese Steine hinüberzuklettern, manchmal auch darum herum, und sie ab und zu beiseitezuräumen.

Und ich möchte die wahre Sofia zeigen, Sofia mit den iranischen Wurzeln, die gar nicht so andere Voraussetzungen hatte als Güney aus Bottrop oder Laila aus Afghanistan, die jetzt in Frankfurt am Main lebt.

Denn das, was mir gelungen ist, ist kein Wunder, kein Zufall und auch kein unerreichbares Ziel. Sondern das Ergebnis harter Arbeit und eines langen Weges, eines Weges mit Höhen und Tiefen, schlimmen Zeiten und wunderbaren Momenten.

Ich bin oft gestolpert auf diesem Weg, hingefallen und immer wieder aufgestanden. Manchmal weiß ich nicht, wie das alles gekommen ist. Aber eins weiß ich sicher: Ich mache genau das, was ich machen möchte. Und es war ein wirklich langer Weg bis hierhin.

Kapitel 1

Fließende Wärme: Meine glückliche Kindheit

Tabriz, Stadt meiner Geburt

Der Iran, das Land, aus dem ich stamme, ist ein wunderschönes, aufregendes Land mit vielen Gegensätzen. 83 Millionen Menschen leben im Land meiner Geburt, ziemlich genauso viele wie in Deutschland, aber sie haben viel mehr Platz – der Iran ist mehr als viermal so groß wie ganz Deutschland. Ein riesiges Land mit hohen Gebirgen, in denen Gazellen von Stein zu Stein springen, heißen Wüstengebieten und abgelegenen Arealen, in denen wilde Tiere wie Geparde, Luchse und Leoparden leben. Am Himmel kreisen Steinadler, Geier und Falken, und durch die dichten Waldgebiete ziehen Rothirsche und Stachelschweine.

Die Winter in Vorderasien sind lang und kalt, die Sommer heiß und trocken. Der Wind ist ein ständiger Begleiter – auch in Tabriz, meiner Geburtsstadt, die im Norden des Landes liegt und vor gut hundert Jahren sogar die größte Stadt Persiens war. Persien. So hieß der Iran bis 1935, dem Jahr, in dem mein Vater geboren wurde.

Sowohl die Familie meines Vaters als auch die meiner Mutter haben schon immer in Tabriz gelebt. Fast alle meine Vorfahren waren Kaufleute, die meisten davon handelten mit Fleischprodukten. Auch mein Vater und meine beiden älteren Brüder setzen diese Tradition fort.

Und wie alle meine Vorfahr*innen und nahezu alle gut eineinhalb Millionen Einwohner*innen von Tabriz spricht auch meine Familie zwei Sprachen: Persisch und Aserbeidschanisch. Denn Tabriz hat früher eine Zeit lang zu Aserbaidschan gehört und ist heute die Hauptstadt der iranischen Provinz Ost-Aserbaidschan.

Die Stadt ist vor allem bekannt für ihre Teppiche, aber auch für die vielen heißen Quellen in der Umgebung. Daher hat sie auch ihren Namen: *Tabriz* bedeutet nämlich »bringt Wärme zum Fließen«.

An die heißen Thermalquellen kann ich mich allerdings nur noch ganz schwach erinnern. Woran ich mich aber genau erinnere, das sind die Menschen, die mich in Tabriz umgeben haben. Meine Familie.

Mein italienischer Name

Meine Mutter war gerade einmal 20 Jahre alt, mein Vater doppelt so alt wie sie, als sie sich auf einer Feier kennenlernten und ineinander verliebten. Nicht lange danach heirateten sie und zogen in das große, vierstöckige Haus, in dem kurz darauf mein ältester Bruder geboren wurde.

Drei Jahre später bekamen meine Eltern einen weiteren Sohn, und eigentlich waren sie mit zwei Kindern mehr als zufrieden. Aber dann, fünf Jahre danach, kündigte ich mich an – kein wirkliches Wunschkind, und so richtig begeistert waren meine Eltern zunächst nicht. Aber als ich dann schließlich auf der Welt war, freuten sie sich sehr. Nach zwei Söhnen nun noch eine Tochter – damit war die Familie dann endlich komplett.

Mein Vater hätte mich gern mit einem altehrwürdigen persischen Namen bedacht, wie meine Brüder sie tragen, aber meine Mutter, ein glühender Fan der berühmten italienischen Schauspielerin Sophia Loren, setzte sich am Ende schließlich durch: »Sie soll Sofia heißen und basta! Vielleicht wird sie dann auch ein bisschen wie Sophia Loren!«, rief sie, und damit war die Diskussion endgültig beendet. Mein Vater lächelte schief und gab nach, wie so oft, denn er konnte meiner Mutter kaum einen Wunsch abschlagen. Und er setzte sich bei einem Bekannten im Rathaus dafür ein, dass mein Name auch genauso auf meiner Geburtsurkunde eingetragen wurde: Sofia Ghasab Abdollahi.

Wie die meisten Iraner*innen trägt auch unsere Familie zwei Nachnamen, wobei diese Kombination einzigartig im gesamten Land ist. Nur wir heißen Ghasab Abdollahi, allerdings verwende ich nur den ersten davon hier in Deutschland. Zwei Nachnamen sind für viele Deutsche einfach zu ungewohnt, das sorgt nur für Verwirrung.

Ob ich nun ein bisschen so wie meine berühmte Namensvetterin geworden bin, kann ich nicht beurteilen, aber auf jeden Fall war ich damals in Tabriz im Familien- und Bekanntenkreis und auch in der Schule das einzige Mädchen, das diesen Namen trug. Damals war es absolut nicht üblich, seiner neugeborenen Tochter den Namen eines westlichen Filmstars zu geben. Und gern gesehen war es auch nicht. Denn der Iran hatte sich sehr verändert, seit meine Mutter selbst ein Mädchen gewesen war.

Neue Regeln für ein altes Land

Damals, in den Sechziger- und Siebzigerjahren, galt der Iran als das modernste Land Asiens. Die jungen Leute hörten westliche Musik, trugen Jeans und Miniröcke, und dass Frauen an den Universitäten studierten und Berufe erlernten, die früher nur Männern vorbehalten gewesen waren, war völlig normal. Der Schah Mohammad Reza Pahlavi, der persische König, hatte sich mit den Amerikanern verbündet, und im persischen Reich mit seiner langen, wechselhaften Geschichte herrschte Frieden. Aber unter der Oberfläche brodelte es.

Die tiefgläubigen Muslime im Land waren unzufrieden. Sie wollten keinen weltlichen, sondern einen muslimischen Staat, und weil sie immer mehr Anhänger fanden, kam es 1979 schließlich zum Umsturz. Der Schah wurde abgesetzt und flüchtete mit seiner Familie ins Ausland, und die Mullahs, die Religionsführer, kamen an die Macht.

Seitdem ist der Iran ein islamischer Gottesstaat, und damit veränderte sich für die Einwohner*innen das gesamte Leben. Tanz und Musik, eigentlich alles, was für eine westliche Lebensweise stand, war ab sofort verboten. Frauen waren nun nicht mehr gleichberechtigt und sie mussten jetzt Kopftücher und lange Kleidung tragen, die Knöchel und Handgelenke bedeckte. Durch die Straßen patrouillierte die Sittenpolizei, die die Kleidervorschriften genau überprüfte. Politisch Andersdenkende wurden verfolgt und ins Gefängnis geworfen und niemand konnte mehr frei seine Meinung sagen. Alle Bilder des Schahs wurden verbrannt.

Mein Vater musste sich geschäftlich neu orientieren, aber meine Mutter litt besonders unter der veränderten Situation.

Sie war jetzt 24 Jahre alt, Mutter eines kleinen Sohnes und eine sehr lebenslustige, moderne junge Frau, die gern in ihrem Beruf als Kosmetikerin und Friseurin arbeitete. Aber fast alles andere, was ihr vorher Freude gemacht hatte, war nun verboten. Für viele Dinge, die sonst ganz normal gewesen waren – Reisen ins Ausland, den Besuch von Veranstaltungen und vieles mehr –, brauchte sie nun die Zustimmung ihres Ehemannes.

Also konzentrierte sie sich noch mehr auf die Familie und die Erziehung ihrer Kinder. Für mich und meine Brüder war das natürlich ein Glück und ich verbinde viele schöne Erinnerungen an meine Kindheit mit meiner Mutter.

Frühsport am Morgen

Neben dem historischen Basar im Zentrum der Stadt, der seit 2010 zu den Weltkulturerbestätten zählt, ist Tabriz berühmt für seine uralte Blaue Moschee und den wunderschönen El-Goli-Park mit seinem großen, künstlich angelegten See. Ein breiter Steg führt zu einem Pavillon in der Mitte des Sees, in dem ein Restaurant untergebracht ist. Über große Steinterrassen fließt Wasser, gespeist aus einer Quelle, in den See hinunter, Vögel singen, Pappeln und Weiden rascheln im Wind.

Bevor ich mit sechs Jahren in die Schule kam, machte ich jeden Morgen mit meiner Mutter einen Spaziergang zum El-Goli-Park. Nur im Winter, wenn es gar zu kalt wurde, fuhren wir mit dem Auto dorthin, an den anderen Tagen liefen wir zu Fuß. Zwanzig Minuten brauchten wir bis in den Park, zwanzig wunderbare Minuten, in denen ich Hand in Hand mit meiner Mutter die belebten Straßen entlanglief und mich auf das Eis oder eine andere Nascherei freute, die mich am Pavillon erwartete. Ich liebte die Tierskulpturen, die die Wege des Parks säumten, lauschte begeistert dem Zwitschern der Vögel und dem Rauschen des Wassers, das sanft die fünf breiten Terrassen zum See hinunterfloss.

Meine Mutter, die sehr auf ihr Aussehen achtete, betrachtete unsere Spaziergänge als morgendliches Sportprogramm. Seit ich mich erinnern kann, war es ihr wichtig, gesund zu leben. Auch heute ist das noch so.

Mein Vater achtete ebenfalls auf seine Gesundheit. Früh um fünf stand er auf und absolvierte seine Sportübungen noch vor dem Frühstück, das wir oft gemeinsam einnahmen. Dazu knackte er dann Nüsse für mich und gab sie mir zusammen mit einem Löffel Honig. Das schmeckte mir nie besonders und mein Vater lächelte jedes Mal, wenn er sah, wie ich das Gesicht verzog.

»Das magst du nicht, ich weiß«, sagte er. »Aber das macht dich schlau, kleine Prinzessin.«

Vielleicht hat er ja recht behalten, wer weiß …

Schwarze Haare, blaue Augen

Mein Vater hat mich stets wie eine Prinzessin behandelt. Ich sah ihn nur selten, weil er so viel arbeitete, aber fast jeden Tag brachte er mir Leckereien mit. Wenn ich ihn kommen hörte, rannte ich aus dem obersten Stockwerk unseres Hauses wie der Wind nach unten und fiel ihm in die Arme. Dann riss ich ihm die Tüte mit den Mitbringseln aus der Hand und stürmte die vier Stockwerke wieder hinauf, vorbei an meinen Brüdern, die gemeinsam ein eigenes Stockwerk bewohnten.

»He, gib mir was ab!«, rief mein mittlerer Bruder und lief mir hinterher. Er riss an der Tüte, aber ich hielt sie fest.

»Lass mich! Das gehört mir!«

Mein Bruder zerrte mir die Tüte mit einem Ruck aus der Hand und lachte, während er eine Grimasse zog. »Und jetzt gehört es mir!«

Aber einen Moment später packte ihn mein ältester Bruder am Ohr. »Los, gib ihr die Tüte zurück! Sonst zieh ich dir das Ohr so lang, dass du aussiehst wie Dumbo, der fliegende Elefant!«

Mein mittlerer Bruder warf mir die Tüte zu und boxte spielerisch nach meinem ältesten Bruder, der ihn endlich losließ. Beide lachten und klatschten sich ab, während ich die Treppe ins oberste Stockwerk hinaufflitzte, meine Tüte fest an mich gedrückt.

So war es oft – mein mittlerer Bruder, der fünf Jahre älter war als ich, versuchte mich zu necken, wo es nur ging, während mein ältester Bruder mich stets vor ihm in Schutz nahm. Aber im Grunde verstanden wir uns alle drei ausgezeichnet.

Und wir alle drei sahen ganz unterschiedlich aus: Mein ältester Bruder hatte schwarze Haare und honigbraune Augen, mein mittlerer Bruder hingegen war dunkelblond und hatte grüne Augen, worum ich ihn insgeheim sehr beneidete. Ich hatte die dunklen Augen meiner Mutter und ihre glatten schwarzen Haare geerbt.

Dass mein Vater einmal ganz blond gewesen war, konnte man allerdings nur erahnen, denn er war bereits ergraut, als ich ein kleines Kind war. Kein Wunder, bei meiner Geburt war er 50 Jahre alt gewesen; er kam mir eigentlich immer eher wie ein Opa vor statt wie ein Vater.

Erst viele Jahre später erfuhr ich, dass seine Mutter bei seiner Geburt gestorben war. Wie traurig muss das für ihn gewesen sein, ohne Mutter aufzuwachsen! Sein Vater hingegen, ein in Tabriz sehr mächtiger Mann mit einem guten Ruf und viel Einfluss, wurde 90 Jahre alt. Ich habe ihn noch kennengelernt, kann mich aber kaum an ihn erinnern.

Das große Tablett

Sehr gut erinnern aber kann ich mich an meine Großeltern mütterlicherseits und unsere Besuche bei ihnen. Was hatten wir alle immer für einen Spaß!

Kaum waren wir mit unserem Auto an ihrem Grundstück vorgefahren, rannten meine Brüder und ich auch schon quer durch den Garten ins Haus, dessen Tür immer für unsere gesamte große Familie offenstand. Drinnen wimmelte es nur so von Menschen – meine Tanten und Onkel, meine vielen Cousinen und Cousins wirbelten durch das ganze Haus, lachten und unterhielten sich.

»Da seid ihr ja!«, rief mein Opa und warf eine große Tüte mit frischem, noch warmem Nan-E Barbari, dem persischen Fladenbrot, das er gerade vom Bäcker geholt hatte, auf das große Tablett. Meine Großmutter legte Gemüse und kiloweise Frischkäse dazu, und schon versammelte sich die ganze Runde um das Tablett und begann, sich Brote zu schmieren.

»Damit müsst ihr erst mal klarkommen, bis ich nachher richtig für euch koche!«, rief meine Großmutter vergnügt und strich mir über den Kopf, bevor sie einer meiner Cousinen ein Stückchen Barbari reichte.

Manchmal gab es auch Eis oder andere kleine Köstlichkeiten, aber mit Heißhunger hätten wir auch einfach trockenes Brot gegessen. Es war jedes Mal ein Fest, bei Großmutter mit der ganzen Familie zusammenzutreffen. Bis in die Nacht hinein spielten und aßen wir gemeinsam, wir Kinder tobten durchs Haus und durch den Garten und hatten Spaß.

Nie wieder habe ich eine solche Gemeinschaft erlebt, nie wieder ein derartig starkes Gefühl der Freiheit und Zusammengehörigkeit wie damals in jenen unbeschwerten Kindertagen.

Und deshalb …

Meine unbeschwerte Kindheit im Iran ist längst nur noch eine Erinnerung, die mit jedem Tag weiter verblasst. Manches ist bereits im Dunkel der Vergangenheit verschwunden, anderes steht mir noch klar vor Augen. In meinem Herzen aber bewahre ich alles.

Ich habe mein Heimatland vor vielen Jahren verlassen, aber ich weiß, dass mich meine Familie, meine Herkunft für alle Zeiten geprägt hat.

Jeder Baum hat Wurzeln. Jeder Mensch auch, aber unsere Wurzeln sind unsichtbar. Und doch halten sie uns am Boden, nähren uns aus der Erinnerung heraus. Ohne Wurzeln sind wir haltlos. Aber manchmal sind wir gezwungen, sie zu durchtrennen, oder wir kappen sie freiwillig. Selbst dann aber bleiben sie uns erhalten.

Meine Wurzeln zu kennen, bedeutet zu wissen, woher ich komme, und Kraft daraus zu schöpfen.

In diesem Buch möchte ich dir nicht nur meine persönliche Geschichte erzählen. Ich möchte dich auch wissen lassen, welche wichtigen Leitsätze mich durchs Leben begleiten und manchmal auch aus schwierigen Situationen gerettet haben. Dies hier ist der erste:

Vergiss deine Wurzeln nicht!

Hier und heute

»Sofia, der Kaffee ist fertig, kommst du?« Selen lächelt mich durch den Türspalt hindurch an. Die erste Kundin des Tages ist soeben gegangen, wir haben kurz Zeit für eine kleine Pause.

»Noch einen Augenblick. Bin sofort da!« Ich stehe noch einen Moment still da und sehe durch die geöffneten Lamellenvorhänge auf die ruhig daliegende Straße hinunter.

Eine Frau schiebt ihren Kinderwagen vorbei, ein Mann führt seinen Dackel spazieren. Die Straße, in der mein Studio sich befindet, liegt ein wenig außerhalb des Zentrums, ist aber dennoch gut zu erreichen. Vorher habe ich immer in der belebten Innenstadt gearbeitet, hier ist es ruhiger. Das gefällt mir sehr.

Langsam lasse ich eine Hand über den Vorhang gleiten. Ich habe ihn selbst ausgesucht, wie alles hier im Studio. Der helle Parkettfußboden passt gut zu den marmornen Tischen und Säulen mit den weißen Vasen darauf; die Möbel, Vorhänge und Wände sind in weiß oder cremefarben gehalten, ganz wie zu Hause in meiner eigenen Wohnung. Ich liebe die Helligkeit, sie betont das Saubere, Reine, Klare.

Vielleicht – oder mit Sicherheit – habe ich das zu Hause, in unserem Haus in Tabriz gelernt. Meine Mutter legte immer großen Wert auf Ordnung und Sauberkeit, auch unser damaliges Haus erscheint mir in der Erinnerung hell und licht.

Ein Kinderlachen schreckt mich aus meinen Gedanken. Unten auf der Straße laufen zwei kleine Mädchen vorbei, die Schulranzen auf dem Rücken. Direkt unter meinem Fenster bleiben sie stehen und beugen sich gemeinsam dicht über ihre Handys. Ich kann das Funkeln der Displays bis hier oben sehen.

Die beiden Mädchen sind vielleicht neun oder zehn Jahre alt, sie tragen die für ihr Alter typische Kleidung: Sneakers, eng anliegende Jeans, pinkfarbene T-Shirts mit Aufdruck und darüber locker sitzende Jacken in bunten Farben. Eines der Mädchen hat blonde lange Locken, das andere glattes schwarzes Haar, das ihm bis auf die Schultern reicht.

Wäre ich in ihrem Alter in Deutschland aufgewachsen, dann hätte ich wahrscheinlich genauso ausgesehen. Aber ich habe damals im Iran gelebt. Ein Unterschied wie Tag und Nacht.

»Sofia? Die nächste Kundin müsste gleich da sein. Und dein Kaffee wartet …«

»Ja, danke, Selen«, sage ich und werfe einen letzten Blick auf die beiden Mädchen, die jetzt kichernd weiterlaufen, die Handys immer noch in der Hand. »Ich komme.«

Kapitel 2

Mit Kopftuch und Uniform: Schulzeit im Iran

Ab in die Schule!

Wenn ich an meine Vorschulzeit denke, dann ist mir, als hätte damals unentwegt die Sonne geschienen. Aber als ich in die Schule kam, zogen Wolken am Himmel auf. Denn je mehr ich heranwuchs, je älter ich wurde, desto mehr schrumpfte meine ganz persönliche Freiheit zusammen.

Mit sechs Jahren kam ich in die Schule, und damit änderte sich mein gesamtes bisheriges Leben. Jeden Morgen holte mich ein Fahrer mit einer Limousine ab, in der bereits zwei oder drei andere Kinder saßen, die ebenfalls meine Schule besuchten.

Meine Mutter, die großen Wert auf Bildung legte, hatte mich in einer guten Privatschule angemeldet. Auch meine Brüder besuchten eine Privatschule, allerdings eine andere als ich – kein Wunder, denn der Unterricht war streng nach Geschlechtern getrennt. Gemischte Schulen gab es grundsätzlich nicht im Iran, auch nicht bei den staatlichen Schulen, in denen sich 40 oder 50 Schülerinnen oder Schüler in einer Klasse drängelten.

In unserer Schule hingegen gab es höchstens 20 Kinder in einer Klasse, meistens sogar weniger. Das sorgte natürlich dafür, dass die Lehrerinnen – es gab an unserer Mädchenschule nur weibliche Lehrkräfte – sich viel besser um die einzelnen Kinder kümmern konnten.

Gleich am ersten Tag fand ich Freundinnen, mit denen ich viel Spaß hatte. Wie ich trugen auch sie die Schuluniform, die aus einer dunkelblauen Hose, einem langen Mantel in derselben Farbe und einer weißen Bluse bestand. Der wichtigste Bestandteil aber war das Kopftuch, der Hidschab, den man sich einfach wie eine Schalmütze über den Kopf ziehen konnte. Darauf aufgedruckt waren kleine Rosen, an deren Anzahl man die Zugehörigkeit zur Klassenstufe ablesen konnte. Mit jedem neuen Schuljahr kam eine Rose dazu. Wie stolz wir waren, wenn aus zwei Rosen drei und aus drei dann vier geworden waren!

Ob ich mich unwohl gefühlt habe mit dem Kopftuch? Ehrlich gesagt, nein. Es gehörte einfach dazu. Alle Frauen und Mädchen auf der Straße verhüllten ihr Haar und bedeckten sich, das war für mich völlig normal. Ich wusste schon immer, dass ich ebenfalls ein Kopftuch tragen würde, sobald ich zur Schule ging.

Ein bisschen war ich sogar stolz darauf – immerhin war jetzt jedem klar, dass ich alt genug war, ein Schulkind zu sein!

Zu Hause und doch zu Besuch

Mit anderen Dingen hatte ich mehr Probleme: mit der Sprache zum Beispiel. Zu Hause sprachen wir zumeist Aserbaidschanisch, in der Schule hingegen wurde auf Persisch, also Farsi, unterrichtet. Von klein auf musste ich in zwei Sprachen denken und meine Gefühle ausdrücken, was nicht immer einfach war. Ab und zu versuchte ich, das, was ich sagen wollte, ins Persische zu übersetzen, was nicht immer reibungslos klappte. Vor allem nicht beim Aufsatzschreiben.

Mit acht Jahren habe ich dann auch noch Türkisch gelernt, das allerdings eher ganz nebenbei. Denn insgeheim haben wir oft türkisches Fernsehen geschaut – was eigentlich verboten war, aber trotzdem weitverbreitet.

Das iranische Fernsehen zeigte meistens nur muslimische Eigenproduktionen, das türkische jedoch brachte auch viele westliche Filme und Serien. Darin ging es meist um irgendwelche simplen Liebesgeschichten, aber für mich war das ungeheuer interessant. Wie gebannt saß ich vorm Fernseher und staunte darüber, wie die Menschen in England, Spanien oder Italien zu leben schienen.

Und da das Aserbaidschanische dem Alttürkischen ähnelt, war es für mich nicht allzu schwierig, nach und nach mehr zu verstehen. Irgendwann begann ich dann wie beiläufig, auch Türkisch zu sprechen. Das war natürlich super, vor allem, wenn wir mit der ganzen Familie in die Türkei in den Urlaub fuhren. Daran erinnere ich mich heute noch gern.

Manchmal, wenn ich so vorm Fernseher saß und eine Serie aus Italien sah, beschlich mich ein ganz seltsames

Gefühl. Damals hatte ich keine Worte dafür, aber schon zu jener Zeit muss ich gespürt haben, dass ich eines Tages meine Heimat verlassen würde. Irgendwie hatte ich immer das Gefühl, dass ich nicht dorthin gehörte, wo ich lebte, sondern in eine andere, für mich vielleicht passendere Welt. Als sei ich nur zu Besuch oder auf der Durchreise.

Und genau so ist es dann ja auch gekommen. Aber bis dahin sollte es noch eine Weile dauern.

Familie und Schule

Fürs Erste wurde ich weiterhin jeden Morgen vom Fahrer abgeholt und zur Schule gebracht. Dort angekommen, mussten wir uns in Reihen aufstellen und nacheinander in das Schulgebäude gehen. An der Tür stand die Direktorin und sah uns mit strengem Blick an. Dann folgte der Sauberkeits-Check: einmal umdrehen, damit die Direktorin überprüfen konnte, ob die Uniform auch überall sauber war. Dann Hände zeigen, erst von oben, dann von unten, dann wurden die Nägel kontrolliert. Wehe, jemand hatte Nagellack aufgetragen! Das war streng verboten. Und die älteren Mädchen mussten darauf achten, dass ihre Knöchel und Handgelenke bedeckt waren. Wenn irgendwas nicht in allerbester Ordnung war, bekamen die Eltern einen Anruf. Das wollte natürlich keine von uns riskieren.

Ich bin gern zur Schule gegangen, aber ganz bestimmt nicht wegen des Unterrichts, sondern natürlich wegen meiner Freundinnen. Meine Schulkameradinnen waren die einzigen Menschen, die ich außerhalb meiner eigenen Familie traf, die einzige Möglichkeit, weitere Kontakte zu knüpfen. Denn nach der Schule ging es dann wieder nach Hause zurück, Spielplätze oder dergleichen gab es nicht, jedenfalls nicht für uns Kinder aus gutem Hause. Für uns gab es nur die Familie und die Schule – kein Wunder, dass wir alle liebend gern zur Schule gingen.

Auf den Unterricht hätte ich allerdings gut und gern verzichten können, zumindest auf die meisten Fächer. Mathe war eine Katastrophe für mich, aber Erdkunde, Biologie und Geschichte mochte ich. Und Kunst natürlich! Ich hatte schon immer gern gemalt und schon früh war mir klar, dass für mich die Reise in Richtung Kunst gehen würde. Egal wie, egal wo, Hauptsache, Kunst. Ich muss mich einfach immer kreativ ausdrücken.

Ein Schultag dauerte ewig: Nach dem Sauberkeits-Check gab es Frühstück, dann Unterricht bis Mittag. Auf das Mittagessen folgte eine kleine Pause, danach gab es Kurse, auch in Theater oder Musik, je nach Neigung. Zweimal pro Woche ging ich noch zum Schwimmunterricht und war dann erst gegen 18 Uhr wieder zu Hause.

Vier Etagen für fünf Personen

Ich liebte unser vierstöckiges Haus mit seiner großen Treppe. Meine Mutter, mein Vater und ich bewohnten das oberste Stockwerk, von dem aus man einen weiten Blick über das Viertel hatte. Die unterste Etage war vermietet, darüber lagen verschiedene Wohnräume und wiederum darüber wohnten meine beiden Brüder auf einer eigenen Etage.

Meine Mutter hatte die beiden, als sie älter wurden, dort einquartiert, weil sie die ewige Unordnung satthatte, die meine Brüder – und sicherlich auch ich – verursachten. Und weil sie großen Wert darauf legte, dass ihre Kinder früh lernten, selbstständig zu sein: »Ihr seid jetzt fast erwachsen!«, hatte sie damals gesagt. »Ab jetzt lebt ihr selbstständig! Ihr kümmert euch selbst um eure Angelegenheiten und ich möchte nichts mehr davon mitkriegen. Einmal die Woche schicke ich euch eine Putzfrau, das muss reichen. Ihr braucht euren eigenen Bereich und ich kann euren ganzen Kram nicht mehr sehen!«

Der »Kram«, das waren vor allem die ständig neu angeschafften Sport- und Spielgeräte, die wir ausprobierten. Wir alle drei waren äußerst aktive Kinder und Spiel und Sport wurde bei uns großgeschrieben. Ob Pingpong oder Billard, Rollschuh oder Badminton, alles musste ausgiebig getestet werden.

In der Etage meiner Brüder stolperte man andauernd über Tennisschuhe, Sporttrikots und Cricketschläger. Und Badehosen, denn schwimmen gingen wir alle drei leidenschaftlich gern.

Meine Brüder holten zahlreiche Medaillen bei Schwimmwettbewerben und auch ich war gut darin. Mein ältester Bruder holte mich regelmäßig von der Schule ab und brachte mich ins Schwimmbad, damit ich noch zusätzlich zum Schulschwimmen trainieren konnte. Mein anderer Bruder hingegen hatte ein Faible für Kampfsportarten, er machte Taekwondo und Karate mit großer Begeisterung. Auch mich wies er darin ein: »Du musst dich wehren können!«, erklärte er mir schon früh. »Egal wo oder wie, du musst dich wehren können und lernen, dich zu verteidigen!«

Das hat mir tatsächlich in späteren Jahren einige Male genützt. Auch wenn man es mir nicht auf den ersten Blick ansieht: Ich bin ziemlich wehrhaft. Und um das zu sein, muss man weder besonders groß noch besonders kräftig sein. Aber hellwach und geschickt. Und das, so hat mich mein Bruder gelehrt, kann man lernen!

Die Mahlzeiten nahmen wir immer alle gemeinsam ein, das genoss ich jedes Mal sehr. Alle plapperten durcheinander und lachten und erzählten – nur mein Vater nicht. Er schwieg meist, bedachte uns mit wohlwollenden Blicken und setzte sich nach dem Essen mit seinem Whiskyglas ins Wohnzimmer.

Manchmal setzte ich mich dazu und beobachtete ihn, aber er hat kaum je mit mir gesprochen, auch mit sonst niemandem. Schon damals habe ich gewusst, dass er sehr viele Geschichten mit sich herumgetragen hat, aber er hat niemals darüber gesprochen. Mag sein, dass das an seiner Generation liegt oder an den schlimmen Erlebnissen, die er in seinem Leben hatte. Bis heute finde ich es schade, wie wenig ich eigentlich über ihn weiß.

Junge oder Dame?

Als ich älter wurde und langsam in die Pubertät kam, begann ich aufzubegehren. Vor allem gegen meinen eigenen Körper und die Rolle, die in Zukunft mit meiner Weiblichkeit verbunden sein würde.

Ich war mit zwei älteren Brüdern aufgewachsen und hatte gesehen, welche Freiheiten sie genossen – im Gegensatz zu Mädchen, deren Freiheiten mit steigendem Alter immer weiter eingeschränkt wurden.

Frauen, das war auch für mich als Kind unübersehbar, galten in der iranischen Gesellschaft als schwach und hatten sich auf eine bestimmte Art zu benehmen. Angefangen damit, wie man sich kleidete und bewegte, bis dahin, wie man sprach. Für alles gab es Regeln, die es unbedingt zu befolgen galt. Toben und spielen, laut lachen und herumrennen, das war alles nicht mehr drin, sobald ein Mädchen zur Frau heranwuchs. Und Fußball spielen und draußen herumlaufen, einfach so, ohne Grund, das ging überhaupt nicht.

Meine Brüder aber durften all das. Sie waren Männer – und Männer galten als stark und frei. Sie durften das Leben genießen, ohne Einschränkungen. Und sie durften ihre eigene Meinung haben und danach leben.

All das wollte ich auch! Ich wollte keine Dame werden und auch keine süße, kleine Prinzessin mehr sein. Ich wollte frech und neugierig sein und sehen, was hinter den hohen Mauern unseres Gartens los war.

Also begann ich mit elf oder zwölf, den Kleidungsstil meiner Brüder zu imitieren und mich wie ein Junge anzuziehen. Ich trug lange Jeans und eine Weste und bettelte meinen Brüdern ein paar ihrer langen T-Shirts ab. Am Ende schnitt ich mir auch noch die Haare ganz kurz und setzte mir ein Käppi auf anstatt des Kopftuchs.

Mein Vater schwieg dazu, wie immer. Meine Mutter ließ mich gewähren. Sie schenkte mir so viel Freiheit, wie es nur möglich war: »Wenn du dich so wohlfühlst, dann mach!«, sagte sie sanft. Meine Brüder fanden mich cool und meine Freundinnen staunten und bewunderten mich für meinen Mut.

Aber in mir drin sah es ganz anders aus, so gar nicht cool und mutig. Ich kämpfte verbissen dagegen an, eine junge Frau zu werden und meine kindliche Freiheit zu verlieren. Und ich gefiel mir auch gar nicht mit meinen kurzen Haaren und den viel zu weiten Klamotten. Aber mein Körper veränderte sich, wurde immer weiblicher. Die Natur nahm ihren Lauf. Und ich saß in der Klemme.

Die Notbremse

Schließlich zog meine Mutter die Bremse. Irgendwann war ich einfach zu groß und zu weiblich, um als Junge durchzugehen. Sie beriet sich mit meinem Vater und beide entschieden, dass ich mich fortan bedecken musste. »Ab jetzt trägst du dein Kopftuch«, sagten sie mir eines Abends. »Wir leben nun mal hier, in dieser Gesellschaft, das lässt sich nicht ändern. Und wenn es dir gut gehen soll, dann musst du dich anpassen. Sonst ergeht es dir schlecht.«

Heute weiß ich, dass es meiner Mutter sehr schwergefallen sein muss, mich in meiner Freiheit derart zu beschneiden. Sie wollte unbedingt, dass ich mein Leben nach meinen eigenen Vorstellungen leben konnte. Ihr gefielen all diese Regeln nicht, nach denen ich nun zu leben hatte. Insgeheim war sie gegen das, was da draußen passierte. Sie vermisste ihr modernes, freies Leben schmerzhaft, das sie vor dem Umsturz geführt hatte. Aber ich sollte erst einige Zeit später verstehen, wie sehr es ihr wirklich fehlte.

Mir blieb nichts anderes übrig und ich gab klein bei. Meine Haare wuchsen und ich trug einen Zopf. Ganz allmählich fing ich an, meinen nun immer weiblicheren Körper zu lieben.

Manchmal sah ich zu, wie meine Mutter sich schminkte. Mit der Zeit bekam ich Lust, mir die Wimpern so wie sie zu tuschen. Ganz langsam konnte ich mich als weibliches Wesen akzeptieren. Und irgendwann begann ich, mich tatsächlich schön zu finden und die Schönheit zu formen.

Meine Mutter beobachtete mich genau. Und während sie mich beobachtete, reifte in ihr ein Entschluss heran, der unser beider Leben und auch das meiner restlichen Familie für immer verändern sollte.

Sie entschied, dass ich nicht den Rest meines Lebens gezwungen sein sollte, ein Kopftuch zu tragen und das Haus nur verlassen zu dürfen, wenn ein männliches Familienmitglied mich begleitete. Sie wollte ihre Freiheit zurück, ihre Lebensqualität. Und sie wollte beides auch für mich, ihre Tochter.

An einem milden Maitag zu Beginn der Sommerferien rief meine Mutter mich vom Kosmetiksalon aus an und bat mich, ein paar Sachen zu packen und zu ihr zu kommen. Als ich fragte, warum, holte sie Luft. »Wir gehen«, sagte sie nur. Ihr Tonfall war ernst, fast aggressiv. »Wir verlassen das Land.«

Und genau das taten wir dann auch.

Und deshalb …

Heute weiß ich, dass ich damals unter Schock stand. Ich wusste gar nicht, wie mir geschah. Vermutlich dachte ich, wir würden eine spontane Urlaubsreise machen, nur meine Mutter und ich, in die Türkei vielleicht, wo wir ja schon einige Male gewesen waren – ich weiß es nicht genau. Ich begriff erst später im Flugzeug, dass wir den Iran tatsächlich verlassen würden. Als ich mich anschnallte und meine Mutter mir sagte, dass mein Vater und meine Brüder nichts davon wüssten, dass wir nun gingen, starrte ich sie erst ungläubig an, dann brach ich in Tränen aus.

Für mich war bei allem Schmerz dennoch klar, dass mein Platz an der Seite meiner Mutter war. Bleiben wäre keine Option gewesen. Aber wir würden, das war uns beiden damals bewusst, einen hohen Preis für unsere persönliche Freiheit bezahlen. Aber der war es wert, das sehe ich heute. Auch wenn ich eine Weile für diese Erkenntnis gebraucht habe.

Damals, als ich 14 Jahre alt war, hat meine Mutter für mich entschieden. Heute, als erwachsene Frau, bin ich ihr sehr dankbar dafür. Sie hat für unsere Freiheit gekämpft, für meine und ihre. Sie hat mich damit gelehrt, Verantwortung zu übernehmen. Deshalb:

Nimm dein Leben selbst in die Hand!

Hier und heute

Der Kaffee schmeckt wunderbar, wie immer, wenn Selen ihn mir zubereitet. Wir beide setzen uns in den Wartebereich meines Studios auf die bequemen, cremefarbenen Sessel und nippen an unseren dampfenden Tassen, während Selen mich über den weiteren Tagesplan informiert.

»Noch zwei Kundinnen, eine davon ist neu«, sagt Selen und streicht sich eine lange, dunkle Strähne aus der Stirn. Sie blickt auf ihr Tablet und klickt sich durch den Kalender. »Und dann hat sich Herr Fontaine angemeldet.«

»Ist es schon wieder so weit?« Herr Fontaine ist einer unserer männlichen Kunden, von denen wir naturgemäß weniger haben als weibliche. Seine Tochter – ebenfalls eine unserer Kundinnen – hat ihn an uns vermittelt: »Ich möchte auch solch ausdrucksvolle Augenbrauen haben wie meine Tochter!«, hat er mir fröhlich bei seinem ersten Termin erklärt. »Na ja, sie müssen nicht genauso ausdrucksvoll sein, aber ein bisschen mehr Ausdruck in meinem hellen Gesicht, das wäre schön. Auch mit 62 möchte man ja noch gut aussehen!« Er zwinkerte mir zu und ich musste lächeln. Kunden wie Herrn Fontaine liebe ich: Männer, die Wert auf ihr Äußeres legen, auch mit steigendem Alter. Denn wer hat eigentlich gesagt, dass nur Frauen gut aussehen sollen – und wollen?

Es klingelt und Selen schaut im Aufspringen auf die Uhr. »So früh?«, fragt sie und eilt zur Tür, während ich kurz mein Handy checke. Vier neue Anrufe, allein in der letzten Stunde, zwei davon von Gloria, meiner

Managerin. Ich werde sie nach der nächsten Behandlung zurückrufen.

»Sofia?« Selen steht in der Tür. »Da ist ein junges Mädchen, das nach einem Schülerpraktikum fragt.«

»Ich komme.« Ich stehe auf und gehe in den Empfangsraum hinüber. Natürlich könnte ich Selen die Anfrage erledigen lassen, aber wenn es mir möglich ist, spreche ich gern selbst mit den jungen Menschen, die persönlich vorbeikommen, um sich um einen Job oder ein Praktikum zu bewerben – auch wenn ich ihre Wünsche leider fast nie erfüllen kann. Das ist für mich ein Zeichen von Respekt.

Das junge Mädchen, das vorn am Tresen steht, hat dunkle Augen und lange dunkle Haare und sieht mich halb verlegen, halb trotzig an.

»Guten Tag!«, sage ich und lege mein Handy auf den Tresen. »Ich bin Sofia. Ich höre, du interessierst dich für ein Schülerpraktikum?«

Sie nickt. Ich schätze sie auf vierzehn, vielleicht auch fünfzehn und etwas an ihr erinnert mich an mich selbst. Vielleicht ist es ihr Blick: etwas ängstlich, ein bisschen vorsichtig, abwehrend, auch ein wenig wütend. »Ja, genau«, sagt sie, ein wenig zu schnell. »Geht das? Also ich meine, kann man das hier?«

Ihr Deutsch ist sehr schlecht und ihre Augen verraten mir, wie groß ihre Sehnsucht ist. Die Sehnsucht anzukommen, wertgeschätzt zu werden. Ich seufze innerlich. Ich werde ihr nicht helfen können. Aber vielleicht kann ich ihr Mut machen.

Und dann lächele ich sie an. Und sie lächelt ganz vorsichtig zurück.

Kapitel 3

Kein Heim für mich: Ankunft in Deutschland

Landung in Frankfurt

Der Flughafen war riesig. Einfach unglaublich riesig. Hohe, große Hallen, unglaublich viele Menschen, die hin und her liefen. Lautsprecher, aus denen Stimmen hallten, die in einer unverständlichen Sprache redeten. Ich verstand kein Wort, eigentlich verstand ich überhaupt nichts. Nur, dass wir jetzt in Deutschland gelandet waren. Einem für mich vollkommen fremden Land, mit dem ich rein gar nichts verband.

Den ganzen langen Flug über hatte meine Mutter stocksteif und nachdenklich neben mir gesessen, ihre Anspannung war deutlich spürbar. Ich hingegen hatte nur geweint, bis sie meine Hand genommen und mit klarer Stimme gesagt hatte: »Hör jetzt auf zu weinen, Sofia. Bitte.«

Auch in ihren Augen waren Tränen zu sehen gewesen, und das hatte gewirkt. Ich hatte mir die Tränen weggewischt und aus dem Fenster auf das karge, felsige

Land unter mir gesehen, bis ich am Ende eingeschlafen war. Als es Essen gab, hatte mich meine Mutter geweckt, danach hatte ich mir einen Zeichentrickfilm auf dem Monitor über mir angesehen und war am Ende erneut eingeschlafen.

Als ich wieder aufwachte, zeigte der Monitor vor mir die restliche Flugroute an. Mit hochgezogenen Brauen hatte ich den Namen des Zielortes betrachtet.

»Fra... Frankfurt? Dahin fliegen wir?«, hatte ich meine Mutter gefragt. »Wo liegt das denn?«

Meine Mutter hatte mich von der Seite kurz angesehen und ihren Schal enger gezogen, den sie sich übers Haar gelegt hatte. »In Deutschland.«

Mehr hatte sie nicht gesagt. Sie hatte auch vorher wenig Antworten für mich gehabt. Vielleicht hatte sie selbst keine gehabt. Wir waren ins Ungewisse geflogen.

Und nun standen wir auf diesem riesigen Flughafen in diesem fremden Land und sahen uns unsicher um, unsere beiden Taschen in der Hand, und den Koffer, den meine Mutter vorher in aller Eile gepackt hatte, neben uns. Menschen hasteten an uns vorbei, Eltern mit lachenden Kindern, Geschäftsmänner in Anzügen, Frauen in Miniröcken und hohen Stiefeln, in genau dieser lässigen Kleidung, die ich schon aus den westlichen Fernsehsendungen kannte. Und keine Einzige von ihnen trug ein Kopftuch.

Als zwei uniformierte Beamte auf uns zukamen, blieb mir fast das Herz stehen, und ich versteckte mich hinter meiner Mutter und hielt mich an ihrem Mantel fest.

Zu meinem großen Erstaunen hörte ich meine Mutter ein paar Worte auf Englisch sagen. Dann holte sie unsere Pässe heraus und zeigte sie vor, und die beiden

Uniformierten verglichen die Fotos darin mit unseren Gesichtern. Vor Angst und Aufregung hielt ich die Luft an und ich stieß sie erst wieder aus, als der ältere der beiden uns bedeutete, ihn zu begleiten.

Meine Mutter nahm ihren Koffer hoch, zog mich mit sich, und ich folgte ihr quer durch die große Halle, auf zittrigen Beinen und vollkommen durcheinander.

Das Gefängnis

Noch am selben Tag wurden wir mit einem Bus nach Karlsruhe transportiert, zusammen mit einigen anderen Leuten, die am Frankfurter Flughafen Asyl beantragt hatten.

Ursprünglich war der Plan meiner Mutter gewesen, nach Kanada oder in die USA weiterzureisen, wo Verwandte von uns lebten. Aber in dem Moment, in dem wir deutschen Boden betreten hatten, war der Plan hinfällig. Auch wenn wir das damals noch nicht wussten. Und nicht ahnten, dass wir für immer in Deutschland bleiben würden.

Die Busfahrt ins 130 Kilometer entfernte Karlsruhe dauerte gut eineinhalb Stunden. Eineinhalb Stunden, in denen ich mit schläfrigem Blick auf die Felder und Bäume jenseits der Autobahn starrte.

In der Stadt passierte der Bus eine große Brücke und mehrere breite Straßen, bis er wieder aus dem Ort herauszufahren schien. Schließlich fuhr er durch ein von Wachmännern beaufsichtigtes Tor auf einen großen Platz, der von riesigen, hässlichen Wohnblöcken umstanden war, von deren Wänden der Putz bröckelte.

Die hydraulischen Bremsen des Busses zischten, dann öffneten sich seine Türen.

»Maman!«, flüsterte ich entsetzt. »Hier will ich nicht hin!«

Meine Mutter schüttelte den Kopf und hielt mir die Hand hin. Dann stand sie auf und zog mich hinter sich her aus dem Bus.

Es war, als würde ich in ein Gefängnis kommen. Und tatsächlich war die gesamte Anlage mit ihren sechs großen Wohnblöcken einmal ein Gefängnis gewesen, das man nun in ein Flüchtlingsheim umgebaut hatte.

In jedem der hoffnungslos überfüllten Blöcke wohnten ungefähr 300 Personen in Dreibett- oder Sechsbettzimmern, mit Doppelstockbetten aus Metall und einem Spind pro Person, in den nur das Nötigste hineinpasste. Ein Tisch und zwei Stühle vervollkommneten die Ausstattung, auch wenn ein Zimmer mit drei Personen belegt war.

Eine wortkarge Angestellte überreichte uns Handtücher und Bettwäsche, eine andere teilte uns ein Zimmer zu, ein dritter drückte uns das Abendessen in die Hand, das aus zwei Scheiben Schwarzbrot, einer Dose Thunfisch und einem Apfel als Nachtisch bestand.

Gegessen, das lernten wir schnell, wurde auf dem Zimmer, bei geschlossenen Türen. Noch nie zuvor hatte ich schwarzes Brot gegessen. Ich starb fast vor Hunger nach der langen Reise, konnte mich aber einfach nicht dazu überwinden, diesen stinkenden Fisch aus der Dose zu essen. Mühsam zwängte ich eine halbe Scheibe Schwarzbrot hinunter und aß den Apfel, dann kletterte ich nach oben auf mein Hochbett.

Weinend lag ich bis tief in die Nacht da und hielt mir die Ohren zu, um den Lärm und die Stimmen aus den anderen Zimmern durch die dünnen Wände hindurch nicht zu hören. So beengt und karg eingerichtet hatte ich noch nie gelebt, und noch nie in meinem Leben hatte ich solch ein Gefühl der Hoffnungslosigkeit verspürt. Meine Mutter versuchte, mich zu trösten, aber mein Kummer war unermesslich. Das Heimweh fraß mich fast auf.

40 Tage verbrachten wir in diesem Zimmer. 40 Tage, die mir endlos erschienen und an die ich mich heute kaum noch erinnern kann. Nur meine unendliche Traurigkeit und die Mühe, die meine Mutter und ich damit hatten, uns an die neuen Umstände zu gewöhnen, sind mir immer noch präsent.

Die Angestellten in der Flüchtlingseinrichtung erschienen uns hart und kalt, wenig einfühlsam. Fast niemand lächelte, das fand ich besonders schrecklich.

Meine Mutter und ich verstanden kein Wort, wenn sie mit uns sprachen, aber das schien niemanden groß zu kümmern. Sobald ich Uniformierte sah, schlug mir das Herz bis zum Halse. Ich hatte ständig Angst: Angst vor dem Unbekannten, Angst davor, etwas falsch zu machen.

Was ich in dieser Zeit den ganzen Tag lang eigentlich getan habe, weiß ich nicht mehr, aber oft lag ich auf meinem Stockbett, starrte an die Decke und wünschte mich zurück nach Hause, in meine Heimat. Ich vermisste meinen Vater und meine Brüder, unser Haus, meine Freundinnen und die Schule – einfach alles, was mir vertraut war.

Dann zogen wir um, in ein Sechsbettzimmer, in dem afrikanische Migranten lebten. Und damit wurde alles besser.

Endlich wieder ein Lachen

Noch nie zuvor hatte ich einen afrikanischen Menschen aus der Nähe gesehen, und jetzt lebte ich gleich mit drei afrikanischen Frauen und einem kleinen Mädchen in einem Zimmer. Ich muss sie ziemlich neugierig angestarrt haben, denn sie schauten mich verdutzt an, dann grinsten sie breit und begrüßten uns freundlich. Und damit war das Eis gebrochen.

Ich hatte eine richtig gute Zeit in diesem Zimmer, meine Mitbewohnerinnen waren unglaublich liebe und fürsorgliche Menschen, die meine Mutter und mich herzlich aufnahmen. Ich war vollkommen fasziniert von ihrem Kleidungsstil, ihrem Aussehen, ihrer warmherzigen, fröhlichen Art. In all dem Grau und der Trostlosigkeit um mich herum sorgten sie mit ihrer positiven Einstellung und ihrem schallenden Lachen dafür, dass ich mich von Tag zu Tag besser fühlte.

Kamerun, von diesem Land hatte ich noch nie gehört. Mein Entdeckergeist und meine Neugier erwachten wieder. Ich wollte alles über meine neuen Mitbewohnerinnen wissen, über ihre Heimat, die Gründe, warum sie geflohen und nach Deutschland gekommen waren. Ich wollte ihre Geschichten erfahren – und sie erzählten sie mir bereitwillig, mit Händen und Füßen und ein bisschen auf Englisch, das ich damals noch kaum konnte.

Diese wunderbaren Menschen haben mir damals sehr dabei geholfen, meine Lebensfreude zurückzugewinnen.

Mit jedem Tag blühte ich mehr auf und wurde neugieriger. Morgens stand ich auf und drehte meine Runde im Heim, begrüßte die Leute in den Nachbarzimmern und erkundigte mich nach ihrem Befinden.

Ich radebrechte in mehreren Sprachen: Englisch, Türkisch mit den geflüchteten Kurdinnen, von denen es einige gab, ein wenig Arabisch, das ich in der Schule gelernt hatte, um den Koran zu verstehen, und natürlich auf Deutsch, so gut es ging. Im Heim gab es einen Duden, ein Wörterbuch, da suchten wir uns dann die passenden Wörter raus. Smartphones mit Übersetzungs-Apps gab es damals noch nicht.

Schließlich entdeckte ich einige iranische Familien im weitläufigen Heim. Das war natürlich wunderbar für mich – endlich konnte ich mich wieder in der mir vertrauten Sprache Farsi unterhalten! Die Iraner*innen hatten auch persische Bücher dabei, ein wunderbarer Genuss für mich. Das Beste allerdings war, dass auch iranische Kinder dabei waren, mit denen ich spielen und ausgelassen über die Flure und das Gelände toben konnte. Die meisten waren zwar jünger als ich, aber das war mir egal.

Meine Mutter hatte die ganze Zeit sehr große Angst, dass mir etwas passieren könnte. Wir durften uns im Umkreis von einem Kilometer vom Heim bewegen, aber sie achtete sehr darauf, dass ich in der Nähe blieb. Sie hat mich nie allein gelassen und immer auf mich aufgepasst. Zu Recht, wie wir später schmerzhaft erfahren sollten.

Nach und nach gewöhnten wir uns an die räumliche Enge und auch an das Essen. Es gab immer zwei Gerichte in der Kantine, aus denen man wählen konnte. Nie vergesse ich, wie ich das erste Mal Kartoffelpüree mit Frikadellen probiert habe. Frikadellen kannte ich, bei uns hießen die Fleischbälle Köfte. Aber ich hatte keine Ahnung, worum es sich bei dem gelblichen Brei wohl handeln mochte. Vorsichtig probierte ich, während meine Mutter mich abwartend ansah. »He«, sagte ich schließlich. »Ich glaube, das ist Kartoffel!«

»Wirklich?« Meine Mutter probierte ebenfalls. Dann grinsten wir uns an.

Manche Dinge sind eben gar nicht so merkwürdig, wenn man sie erst mal begriffen hat.

Die Liste

Einmal pro Woche kamen Leute ins Heim, die ebenfalls mal geflüchtet waren und nun den anderen Neuankömmlingen Hilfestellung leisten wollten. Auch einige Iraner*innen waren dabei und ich freute mich immer sehr auf ihre Besuche. Durch sie erfuhren wir, was man alles in der Gegend unternehmen konnte und wie man zu den verschiedenen Orten gelangte. Sie haben uns Heimbewohnern Mut gemacht und Hoffnung gegeben, dass auch wir uns eines Tages so angekommen fühlen würden wie sie.

Gemeinsam mit meiner Mutter nahm ich an jedem dieser Treffen und jeder Versammlung teil. Ich war sehr neugierig und wollte unbedingt alles über diese unbekannte Welt da draußen wissen.

Ich wollte mich integrieren, sofort ankommen. Endlich ankommen. Denn die ganze Zeit im Heim über hing ich sozusagen in der Luft, hatte keinen Platz für mich, keinerlei Privatsphäre, kein gutes Essen, kein weiches Bett mit eigener Bettwäsche, keine Freundinnen, niemanden – außer meiner Mutter –, mit dem ich reden konnte. Auch die Schule fehlte mir. Alles, das dachte ich Tag für Tag, wäre besser als ein Leben in diesem trostlosen Flüchtlingsheim.

Ich sehnte mich so sehr danach, endlich wieder ein Zuhause zu haben. Denn das Heim konnte man so natürlich nicht nennen.

Obwohl es noch schlimmere Heime gab als unseres – das jedenfalls wurde sich hinter vorgehaltener Hand erzählt. Die Flüchtlingsheime an manchen Orten sollten schmutzig und überfüllt sein. Alle hatten Angst, in eines dieser Heime verlegt zu werden. Jeden Tag überprüfte meine Mutter die Liste in der Eingangshalle des Ankunftsgebäudes, in dem alle Büroräume des Heimes untergebracht waren, ob wir womöglich zu den Unglücklichen gehörten. Und jeden Tag aufs Neue kam sie erleichtert zurück.

Währenddessen lief unser Asylantrag. Gleich nach unserer Ankunft waren wir in einem kleinen Saal im Ankunftsgebäude interviewt worden. Meine Mutter musste die Gründe für unsere Flucht nach Deutschland und unseren Asylantrag angeben und wir beide wurden von Ärzten durchgecheckt, um zu sehen, ob wir auch keine Krankheiten mit ins Land brachten.

Überall standen Polizisten und Wachmänner herum, die mir eine Riesenangst einjagten. Mit der Zeit gewöhnte ich mich daran, aber zu Beginn fing ich jedes Mal an zu zittern, sobald ich die Uniformierten sah. Ich konnte die Situation einfach nicht verarbeiten, alles schien mir bedrohlich und machte mir Angst.

Nach dem ersten Interview direkt nach unserer Ankunft wurde der Asylantrag meiner Mutter abgelehnt. Man erklärte ihr, dass nicht ausreichend Gründe für die Flucht genannt worden seien. Sie könne Widerspruch einlegen, dann würde sie einen zweiten Anhörungstermin bekommen. Aber das würde dauern.

Natürlich legte meine Mutter Widerspruch ein. Und sah fortan jeden Tag auf der Liste im Eingang nicht nur nach, ob wir verlegt werden sollten, sondern auch, ob der Termin für die zweite Anhörung bereits feststand.

Von anderen Leuten im Heim erfuhren wir, dass einige jahrelang auf ihren zweiten Termin warten mussten. Manchmal wurde der Asylantrag endgültig abgelehnt, dann mussten die Betroffenen warten, bis sie abgeschoben wurden.

Schließlich kam meine Mutter eines Morgens mit einem schwachen Lächeln ins Zimmer. Ich sprang so eilig vom Bett hinunter, dass ich fast stürzte.

»Hast du den Termin für die zweite Anhörung bekommen?«, fragte ich aufgeregt. Meine Mutter schüttelte den Kopf.

»Nein, aber wir werden verlegt. Nächste Woche geht es in ein anderes Heim. Und bestimmt wird es dort viel besser!«

Ich klatschte in die Hände und rannte los, um den anderen Leuten auf unserem Flur Bescheid zu geben. Eigentlich war es mir fast egal, ob es im nächsten Heim besser oder gar schlechter werden würde. Ich war einfach nur glücklich und voller Euphorie, dass endlich wieder etwas Neues passierte. Und ich war unglaublich gespannt, was auf mich zukommen würde.

Als wir eine Woche später mit unseren wenigen Habseligkeiten in den Bus stiegen, der uns in das neue Flüchtlingsheim bringen sollte, stolperte ich fast über meine eigenen Füße, so aufgeregt war ich. Meine Mutter streckte die Hand nach mir aus und ich legte meine in ihre. Hand in Hand stiegen wir die beiden Stufen in den Bus hinauf und setzten uns in die zweite Reihe. Ich legte den Kopf an die Scheibe und sah hinaus auf die hohen, grauen Wohnblocks, von denen immer noch der Putz abbröckelte.

Nach fast drei Monaten ließen wir diesen Ort endlich hinter uns. Was auch immer uns erwartete, ich war wild entschlossen, dass es besser werden würde als das, was jetzt hinter uns lag.

Und deshalb …

Wenn ich heute manchmal junge Mädchen sehe, deren Vorfahren nicht aus Deutschland stammen und die mich an mich selbst erinnern, an mein jüngeres Ich, dann fühle ich eine bestimmte Art von Verbundenheit. Ich weiß, wie schwierig es sein kann, in einem fremden Land mit einer fremden Sprache und einer fremden Kultur Fuß zu fassen.

Und ich weiß auch, dass andere sich fremd fühlen, obwohl sie hier geboren sind. Wieder andere kommen von weit her, sind aber hier zu Hause.

Auch ich bin vor vielen Jahre hergekommen, auch ich war hier fremd, hatte es nicht einfach. Ich habe mich durchgekämpft. Und ich kann sagen: Es hat sich gelohnt.

Der Iran ist meine Heimat, aber in Deutschland, in Stuttgart bin ich zu Hause. Auf meine Art bin ich angekommen.

Ja, das geht, auch wenn es zu Anfang fast unmöglich scheint. Man kann ankommen. Aber es dauert. Deshalb sage ich dir:

Sieh nach vorn und nicht zurück!

Hier und heute

Als das junge Mädchen wieder gegangen ist, sammle ich mich noch einen Augenblick. Leider habe ich nicht die Kapazitäten, Praktikantinnen auszubilden, obwohl ich es liebend gern machen würde. Aber mein Geschäft lässt mir keine Zeit dafür.

Trotzdem habe ich ein gutes Gefühl. Auf eine Art habe ich dem jungen Mädchen doch helfen können: Ich habe ihr Mut gemacht, nicht aufzugeben. Sie wird sicher woanders einen Praktikumsplatz finden. Und ihren Weg gehen.

So wie ich damals. Ich war auch mal so jung. Ich war auch mal Achtklässlerin, neu in Deutschland und ohne jeden Plan. Aber es ging irgendwie weiter.

Für jeden von uns geht es irgendwie weiter. Und mit der Zeit wird es besser.

Es klingelt erneut und Selen geht zur Tür, während ich noch mal einen Blick auf mein Handy werfe. Wieder sind zwei neue Anrufe eingegangen, einer davon von meiner Managerin Gloria, und die Liste mit Mails und WhatsApp-Nachrichten will ich mir gar nicht erst ansehen. Das muss jetzt warten. Einen Schritt nach dem anderen.

Das habe ich mir auch damals gesagt: einen Schritt nach dem anderen. Denn nur so geht es vorwärts!

Kapitel 4

Unter Druck: Wut, Ärger und eine Chance

Ein neues Heim

Degerloch liegt im Süden Stuttgarts, am Rande der Stadt. Als meine Mutter und ich an jenem Augustmorgen erneut aus dem Bus stiegen, der uns in unsere nächste Unterkunft brachte, strahlte die Sonne von einem wolkenlosen Himmel herunter.

Das Heim, das uns erwartete, war viel kleiner als das in Karlsruhe, und allein das gab uns beiden schon ein besseres Gefühl. Vier zweistöckige Gebäude standen zwischen frisch gemähten Rasenflächen, in den Bäumen darum zwitscherten Vögel. Auch hier umrandete ein großer Zaun das Gelände, aber im Gegensatz zum Karlsruher Flüchtlingsheim standen die hohen Gittertore jederzeit offen, und wir konnten uns frei bewegen.

Meine Mutter und ich bezogen ein großes Zimmer, zunächst zusammen mit einer türkischen Mitbewohnerin, die aber bald in ein anderes, eigenes Zimmer umzog.

Hier in Degerloch durften wir endlich selber kochen, in einer Gemeinschaftsküche mit den anderen. Das heimeigene Geschäft hatte täglich geöffnet und dort konnten wir mit den Wertpunkten, die wir anstatt Bargeld bekamen, einkaufen. Das war allerdings nicht so einfach, denn die Zuteilung der Punkte war sparsam bemessen und man musste richtig gut haushalten, um sich einigermaßen gutes Essen kochen zu können. Besondere Extras wie Schokolade oder dergleichen waren höchst selten drin.

Ich fand es ziemlich seltsam, dass keine Preise, sondern Punkte an den Lebensmitteln standen. Wir hatten dadurch keine Ahnung, wie viel man draußen in einem normalen Supermarkt für diese Waren bezahlen musste.

Kleidung gab es gratis in der Kleiderkammer. Ich griff mir einfach irgendetwas, das halbwegs passte, denn damals war mir mein Aussehen noch nicht so besonders wichtig.

Meiner Mutter aber, die immer sehr gepflegt auftrat, gelang es, sich auch weiterhin sehr gut zu kleiden. Und um mir und sich selbst kleinere Wünsche erfüllen zu können, begann sie, den anderen Heimbewohnern die Haare zu schneiden – schließlich war sie ja ausgebildete Kosmetikerin und Friseurin. Mit dem ersten ersparten Geld kaufte sie sich eine Schere und eine Haarschneidemaschine, und schon kamen die ersten Kund*innen zu uns. In unserem Badezimmer färbte sie den Frauen die Haare und schnitt den Männern ordentliche Frisuren. Ein Haarschnitt, das weiß ich heute noch genau, kostete 5 Euro.

Die Tatkraft meiner Mutter und ihre Fähigkeit, aus jeder Situation das Beste zu machen, imponierten mir.

Ich habe damals viel von ihr gelernt. Aber das wurde mir erst viel später richtig bewusst.

Das Fahrrad

Dort, in Degerloch, hat mein Leben in Deutschland dann erst richtig begonnen. Schnell fand ich Freund*innen im Heim, die aus Albanien, Russland, Afghanistan, Kroatien und Serbien stammten – sehr herzliche Menschen, mit denen ich viel Spaß hatte. Dem Sozialarbeiter des Heims, ein furchtbar netter Mensch, durfte ich zur Hand gehen. Ich leistete freiwillig Sozialstunden, war immer für alle Vorschläge zu begeistern. Ich war dabei, wo es nur ging, wollte mitnehmen, was nur ging, Erfahrungen sammeln, lernen, die Sprache endlich beherrschen.

Stundenlang setzte ich mich zu den Mitarbeiter*innen, hörte ihnen zu und versuchte, auf Deutsch zu antworten, wenn sie mit mir sprachen. Das fiel auf fruchtbaren Boden und gelegentlich bekam ich Extra-Deutschstunden von ihnen, sodass ich sehr schnell viele Wörter kannte.

Aber eigentlich begann mein richtiges Leben in Deutschland mit einem Fahrrad.

Eines Nachmittags kam meine Mutter ins Zimmer und lachte mich vergnügt an. »Komm doch mal mit raus!«

Ein bisschen mürrisch – ich hatte gerade auf meinem Bett gelegen und gedöst – folgte ich ihr hinunter. An der Wand lehnte ein pinkfarbenes Damenrad. Ich machte große Augen. »Für mich?«

Meine Mutter nickte. »Hab ich im Sperrmüll an einer Straßenecke gefunden. Es fährt tadellos, ich hab es probiert!«

Ich musste lachen, denn meine Mutter fuhr höchst ungern Rad. Aber dann schwang ich mich hinauf und radelte los, zielstrebig durch das offene Tor hindurch. Kaum war ich an der nächsten Ecke, stellte ich mich in die Pedale und trat noch schneller. Die warme Sommerluft wehte mir ins Gesicht und der Fahrtwind fuhr mir in die Haare. Ich musste lachen, so frei fühlte ich mich auf einmal. Und dann trat ich noch mehr in die Pedale.

So begann mein erster Ausflug mit meinem pinkfarbenen Rad, auf den unzählige weitere in diesem ersten Sommer in Degerloch folgten.

Auf meinem Rad erkundete ich die Welt da draußen, jeden Tag ein wenig mehr. Das Heim lag inmitten von Maisfeldern und Waldgebieten, durchkreuzt von Feld- und Waldwegen, die sich bis hin zu den Wohngebieten am Ortsrand zogen. In der Sommerluft lag der Geschmack von Freiheit, und je mehr ich in die Pedale trat, desto freier und leichter fühlte ich mich. Mit jedem Meter, den ich mich vom Heim entfernte, ließ ich meine Probleme, meine Ängste und Sorgen einfach hinter mir.

Ich wollte einfach nur weg, weg, weg. Und zugleich wartete ich auf ein Wunder.

Aber das Wunder geschah nicht. Stattdessen passierte das Gegenteil. Nach diesem wunderschönen Sommer in Degerloch setzte ich unsanft auf dem Boden der Tatsachen auf. An dem Tag, als ich zum ersten Mal nach den Sommerferien die nahe gelegene Hauptschule betrat.

Hauptschule Degerloch

Wir Kinder und Jugendliche aus dem Flüchtlingsheim kamen nicht in normale Klassen, sondern zunächst in Sprachkurse, eingeteilt in verschiedene Niveaus. Vom ersten Tag an bemerkte ich, dass die Mitschüler*innen aus den normalen Klassen einen Bogen um uns machten und sofort begannen, uns auszulachen und übel zu mobben.

»Dreckige Ausländer!«, riefen sie uns zu, wenn wir morgens aus dem Schulbus stiegen. »Verpisst euch! Was wollt ihr denn hier?«

Ich war wie vor den Kopf gestoßen. So ein Verhalten kannte ich nicht. In meiner Heimat sind die Menschen sehr gastfreundlich, jeder Fremde wird nett empfangen und höflich behandelt. Jetzt aber zeigten die Jugendlichen mit dem Finger auf mich: »Ih, guckt die mal an, wie die aussieht!«

Hier, das wurde mir schnell klar, hatte niemand auf mich gewartet. Aber ich war entschlossen, mich nicht unterkriegen zu lassen. Obwohl ich tief in meinem Herzen extrem gekränkt war, ließ ich mir das nicht anmerken.

Ich versuchte, jeden Tag aufs Neue sehr selbstbewusst aufzutreten. Je mehr mir die anderen das Gefühl gaben, dass sie mich verachteten und nicht mochten, desto mehr hob ich das Kinn und sah sie scharf an. »Du magst mich nicht, weil du denkst, ich kann nichts und bin nichts wert?«, dachte ich. »Ich werde dir zeigen, dass ich es doch kann. Ich werde mich integrieren, ich werde die Sprache lernen, und eines Tages werde ich neben dir in der Klasse sitzen. Und dann werden wir mal sehen …«

Ich hatte schon so viel hinter mir, ich würde jetzt nicht schwach werden. Nach so langer Zeit im gefängnisartigen Flüchtlingsheim begann ich jetzt, mir meine Freiheit zurückzuerkämpfen. Und ich hatte nicht vor, mir diese Chance entgehen zu lassen, nur weil ein paar ungezogene Jugendliche versuchten, mir das Leben schwer zu machen.

Dass ich ein Flüchtlingskind war und damit in den Augen der anderen offenbar eine Klasse tiefer stand, beschäftigte mich sehr. Und in gewisser Weise versuchte ich auch, meinen Status zu verheimlichen. Statt an der normalen Haltestelle beim Heim auszusteigen, verließ ich den Bus schon zwei Stationen vorher und lief den Rest bis nach Hause. Ich wollte meinen Gegnern – und zu Gegnern waren sie in dem Moment geworden, in dem sie mit dem Finger auf mich gezeigt und mich ausgelacht hatten – keine Angriffsfläche bieten, bloß keine Schwäche zeigen. Nach außen hin wollte ich perfekt wirken.

Aber natürlich konnte ich in vielerlei Hinsicht nicht mithalten. Kinder, vor allem aber auch Jugendliche, können sehr grausam und schadenfroh sein. Meine schlechten Erfahrungen sorgten dafür, dass mir die Deutschen vorkamen wie eine einzige große Mobbinggesellschaft. Für mich war es kein Wunder, dass es den Ausdruck »Schadenfreude« in dieser Drastik in keiner anderen Sprache gibt, nur im Deutschen.

Leben am Rand

Der Druck, unter dem ich stand, war enorm. Mein Aussehen spielte jetzt eine große Rolle, ich suchte in der

Kleiderkammer nun ewig nach den besten Stücken, damit ich mit meinen Klamotten nicht auffiel. Ich sprach in der Schule nur sehr wenig, weil ich vermeiden wollte, etwas Falsches zu sagen.

Ständig verglich ich mich mit den anderen, registrierte genau, dass sie die cooleren Klamotten, das hochwertigere Essen, das bessere Standing hatten. Das zeigte sich schon bei Kleinigkeiten: Statt mir wie die anderen mittags etwas zu trinken zu holen, sparte ich mein Geld, um mir eines Tages endlich ein Handy kaufen zu können. Denn alle anderen hatten selbstverständlich Handys, auch die teuersten Modelle. Nur wir Flüchtlingskinder besaßen natürlich keins.

Im Moment bekam ich zwanzig Euro Taschengeld im Monat. Fast ein Jahr lang sparte ich jeden Cent davon, bis ich mir endlich meinen größten Wunsch erfüllen konnte. An dem Tag, an dem ich mein eigenes Handy in der Hand hielt, ging für mich ein Traum in Erfüllung. Damals habe ich gelernt zu sparen, und noch mehr: mir ein Ziel zu setzen und konsequent darauf hinzuarbeiten.

Schließlich wurde ich aufgrund meiner recht guten Deutschkenntnisse endlich in eine normale Klasse versetzt, allerdings in eine siebte statt in eine achte Jahrgangsstufe, in die ich normalerweise vom Alter her gehört hätte.

Eine große Hürde hatte ich nun genommen, um endlich in Deutschland anzukommen. Aber meine Hoffnung, jetzt auch von meinen Mitschülerinnen und Mitschülern akzeptiert zu werden, wurde gleich am ersten Schultag in meiner neuen Klasse bitter enttäuscht.

Keine von ihnen

Obwohl ich mich erkältet hatte, ging ich an diesem ersten Tag in die Schule. In meiner neuen Klasse jedoch beachtete mich kaum jemand. Einige geringschätzige Blicke musterten mich, die mir gleich deutlich machten: Ich war zwar jetzt eine von ihnen, aber dennoch nicht willkommen. Sie wussten ja, woher ich kam.

Zwei Mädchen, die mir schräg gegenübersaßen, lästerten pausenlos über mich, warfen mir herablassende Blicke zu und beschimpften mich und meine Mutter schließlich in der Pause als Schlampen. Da reichte es mir dann endgültig.

Eins kann ich über mich sagen: Wenn ich wirklich wütend werde, dann sollte man sich vor mir in Acht nehmen. Beleidigungen lasse ich mir nicht gefallen.

Und genau so war es dann auch an diesem ersten Schultag. Es kam zu einer unschönen Auseinandersetzung, die damit endete, dass ich einen Eintrag erhielt. Aber ich hatte gezeigt, dass ich mich nicht unterkriegen ließ. Und das sollte ich in der Folge immer wieder unter Beweis stellen, auch den älteren Jungen gegenüber.

Wenn mich jemand blöd anmachte oder belästigte, schlug ich zurück, mit Worten oder mit Fäusten. Obwohl ich klein und zierlich war, besaß ich Bärenkräfte, wenn ich in Fahrt kam. In mir schwelte eine immer größer werdende Wut, die in solchen Situationen hervorbrach. Es hagelte Einträge für mich und mehr als einmal wurde ich zum Direktor gerufen und verwarnt, ohne dass ich Einsicht zeigte.

Im Nachhinein ist mir klar, dass es damals wirklich ziemlich schwierig gewesen sein muss, mit mir umzugehen. Ich war sehr begabt, aber stur und oftmals unkonzentriert – kein Wunder, denn meine Wohnsituation ließ es nicht zu, dass ich mich zum Lernen in Ruhe zurückziehen konnte. Nach außen hin kehrte ich die toughe Rockerbraut raus, trug Nietengürtel, lange Haare und Lederjacke, aber in mir sah es ganz anders aus. Ich schützte meine verletzliche Seele mit einem flapsigen Mundwerk und arrogantem Auftreten.

»Ich bin Iranerin!«, erklärte ich mit erhobenem Kinn und blitzenden Augen, wenn mir jemand dumm kam. »Wir sind kultiviert und nicht solche Banausen wie ihr!« Eigentlich kindisch, ich weiß. Aber damals brauchte ich das.

Meine Ausstellung

Von den meisten Lehrer*innen fühlte ich mich nicht sonderlich akzeptiert, obwohl sie meine Begabung durchaus erkannten. Der einzige Lehrer, der sich wirklich um mich bemühte, war mein Kunstlehrer. Er kam mit mir bestens zurecht und sah ein Talent in mir, das er zum Leuchten bringen wollte. Und das gelang ihm auch.

Schon immer hatte ich sehr gern gemalt, aber jetzt wurde Malen und Zeichnen zu meiner Leidenschaft. Und unser Lehrer gab uns extrem herausfordernde Aufgaben, an denen wir wachsen konnten.

Von nahezu allem, was ich ihm zeigte, war er begeistert. Schließlich rief er mich eines Tages nach dem Unterricht zu sich. »Sofia, pass auf, ich habe mit der Bücherei gesprochen. Sie würden gern eine Ausstellung mit deinen Bildern und Zeichnungen machen. Hast du Lust?«

Ich stand da und war wie vor den Kopf gestoßen. Eine Ausstellung? Mit meinen Zeichnungen? Wie in aller Welt kam das jetzt?

Der Kunstlehrer lächelte. »Ich helfe dir bei der Auswahl«, sagte er.

Ein paar Wochen danach wurde die Ausstellung eröffnet. Ich stand verlegen und aufgeregt mit einer Freundin herum und betrachtete die Leute, die in der gesamten Bücherei herumgingen, meine Bilder ansahen und interessiert darüber sprachen. Immer noch konnte ich es kaum glauben, dass es tatsächlich meine Bilder waren, die hier gezeigt wurden.

Etwas später kam eine Journalistin zu mir und stellte mir Fragen zu meinen Arbeiten und meinem Leben. Tage später sah ich mein Foto über einem längeren Artikel in der *Stuttgarter Zeitung*, in dem meine Arbeiten lobend besprochen wurden.

Aber fast das Beste war, dass mein Kunstlehrer kurz vor dem Ende der Vernissage grinsend zu mir herüberkam und sagte: »Sofia, die Leiterin der Bücherei möchte dieses Bild dahinten von dir kaufen. Sie meint, es passe perfekt in ihr Wohnzimmer.«

600 Euro bekam ich für das Bild, ein sehr großes, farbenfrohes Gemälde, in dem ich Wellen mit einem Spiegel in der Mitte kombiniert hatte. Zwei Wochen hatte ich daran gearbeitet.

Ich war fassungslos: Ich war 16 Jahre alt, lebte in einem Flüchtlingsheim und hatte eine eigene Ausstellung, die positiv in der größten Zeitung Stuttgarts besprochen wurde – und ich hatte soeben mein erstes Bild verkauft!

Mein Kunstlehrer schenkte mir ein Skizzenbuch und bat mich, mit der Kunst weiterzumachen, auch wenn ich eines Tages die Schule und Degerloch hinter mir lassen würde. Ich habe seinen Rat befolgt, aber bis dahin dauerte es noch eine Weile. Zunächst ergriff ich eine andere Chance.

Die Chance

Eines Tages suchte unser Klassenlehrer Freiwillige, die in der Pause Brötchen verkauften. Niemand meldete sich, aber ich hob die Hand. Der Lehrer lächelte. »Fein, Sofia. Du darfst dafür umsonst essen und trinken und kannst 15 Minuten früher Pause machen.«

Für mich war das perfekt – ich hatte endlich eine Aufgabe, konnte eine Führungsposition übernehmen und nebenbei das Geld sparen, das ich sonst für Essen und Trinken ausgegeben hätte. Außerdem lernte ich schnell, wirtschaftlich zu arbeiten und genauestens Buch zu führen: Alles Dinge, die mir in meinem späteren Arbeitsleben sehr zugutekamen.

Und meine neue Position brachte es mit sich, dass ich nach und nach mit allen anderen Schüler*innen in Kontakt kam und mir einen ganz neuen Ruf als coole, korrekte und vertrauenswürdige junge Frau erarbeitete. Am Ende wurde ich sogar Klassen- und dann Schülersprecherin.

Übrigens war ich nicht allein am Brötchenstand: Ausgerechnet das Mädchen, mit dem ich mich am ersten Tag in meiner neuen Klasse angelegt hatte, machte auch mit. Mit der Zeit wurden wir sogar Freundinnen. Auch mit meinen Klassenkamerad*innen kam ich schließlich ziemlich gut zurecht. Ich fing an, ihnen nach der Schule die

Augenbrauen zu zupfen – das hatte ich von meiner Mutter gelernt.

Die anderen trugen Zigaretten und ein Feuerzeug mit sich, ich dagegen hatte stets eine Schere, eine Pinzette und einen Kamm dabei. Nach dem Unterricht saßen wir oft noch zusammen und unternahmen viel miteinander.

Aber dann, irgendwann, machte sich der Altersunterschied zwischen uns immer deutlicher bemerkbar. Ich war mittlerweile 16, ich wusste, wer ich war und was ich wollte. In der neunten Klasse einer Hauptschule zu sitzen, immer noch mit meiner Mutter in einem kleinen Zimmer in einem Flüchtlingsheim zu wohnen und keine richtige Perspektive zu haben, gehörten ganz sicher nicht dazu.

Ich wollte endlich meinen Abschluss machen und hinaus in die Welt, am liebsten auf eigenen Füßen stehen. Aber stattdessen passierten ein paar ganz andere Dinge, die mich fast aus der Bahn warfen.

Und deshalb ...

Das Heim in Degerloch, in dem ich damals gelebt habe, wurde zu einem Kindergarten umgebaut. Ab und zu fahre ich daran vorbei. Ich lebe nicht weit davon entfernt, gerade einmal zwei Bahnstationen. Die Häuserblocks sind bunt bemalt, Kinderlachen ist zu hören.

Eigentlich denke ich ganz gerne an meine Zeit dort zurück. Klar, einiges war hart, aber ich habe dort auch viel Schönes erlebt: das Gefühl von Freiheit, das ich mir damals langsam zurückerkämpft habe, die Zusammengehörigkeit mit den anderen Kindern im Heim, erste Erfolgserlebnisse beim Lernen der deutschen Sprache.

Und: Damals habe ich meine Fähigkeit entdeckt, eine Chance, die sich mir bietet, auch zu ergreifen. Mein Geld zu sparen, das war die eine Chance; die andere war, mir als Brötchenverkäuferin eine gute gesellschaftliche Position zu erarbeiten.

Man wächst mit seinen Aufgaben – aber man muss die Herausforderungen auch annehmen. Oder, wie manche alten Leute gern sagen: Von nichts kommt nichts!

Klingt simpel, stimmt aber. Wenn du dein Geld nicht für andere Dinge ausgibst und eisern sparst, kommst du an dein Ziel. Wenn du etwas erreichen willst, egal, was es ist, dann musst du auch etwas dafür tun. Das habe ich damals begriffen. Deshalb sage ich dir:

Nutze deine Chancen!

Hier und heute

Unsere nächste Kundin ist noch sehr, sehr jung, fast noch ein Mädchen. Sie hat wunderschöne dunkle Augen und einen fein geschwungenen Mund, der sich zu einem Lächeln verzieht, als ich hereinkomme.

»Guten Tag!« Ich lächele zurück und sie streckt mir die Hand entgegen.

»Guten Tag! Ich freue mich so! Wissen Sie, ich habe diese Behandlung zum Geburtstag geschenkt bekommen. Meine ganze Familie hat zusammengelegt!«

»Das ist mir eine Ehre!«, sage ich und lasse ihr Zeit, sich umzusehen. Dann erkläre ich ihr, wie genau die Behandlung vor sich gehen wird. Sie betrachtet interessiert meine Instrumente und die Einrichtung des Behandlungsraums und stellt mir noch einige Fragen.

Die meisten meiner Kundinnen sind ein wenig älter als sie; jüngere Frauen haben oft lange auf eine Sitzung bei mir gespart oder sie als Geschenk bekommen. Eine Behandlung ist nicht ganz billig, aber sie ist ihren Preis wert, und das wissen alle meine Kund*innen.

Auch diese junge Frau weiß darum und ich finde es wunderbar, dass sie sich trotz ihres jungen Alters – sie wird sicherlich noch kein eigenes Geld verdienen – ihren Wunsch erfüllen kann. Während sie entspannt auf der Liege Platz nimmt und für einen Moment erwartungsvoll die Augen schließt, blicke ich noch einmal prüfend auf ihr jugendliches Gesicht.

Ich war ungefähr genauso alt wie sie jetzt, als ich die Schule abgebrochen habe. Ein schwerer Entschluss mit Folgen. Aber damals ging es nicht anders.

Kapitel 5

Ziellos und daneben: Ein Jahr im Nebel

Der Schock

An einem einigermaßen milden Wintertag rief mich meine Mutter zu sich. »Hier, Sofia«, sagte sie und reichte mir eine Telefonkarte. »Geh bitte zur Telefonzelle und ruf deine Tante an. Ich bräuchte die Telefonnummer von meiner Cousine Suleida in Kanada, die soll sie dir bitte geben. Dann kannst du auch ein wenig mit deiner Tante sprechen, das wird dir guttun.«

Meine Mutter bekam immer genau mit, wenn ich nicht gut drauf war, und dies war einer dieser Tage. Ich nahm die Karte – damals brauchte man Telefonkarten, auf denen ein vorab bezahltes Guthaben vermerkt war, wenn man in einer Telefonzelle telefonieren wollte –, steckte einen Stift und einen Zettel ein und machte mich voller Vorfreude auf den Weg.

Ich liebte es, mit meiner Tante zu telefonieren. Erst eineinhalb Jahre nach meiner Ankunft in Deutschland hatte ich das erste Mal mit meinem Vater und meinen Brüdern gesprochen und seitdem telefonierte ich gelegentlich mit ihnen. Das war zwar immer nett, aber die Gespräche blieben oberflächlich. Meine Tante war die Einzige aus der alten Heimat, mit der meine Mutter und ich regelmäßig und sehr herzlich in Kontakt waren. Aus Erfahrung wusste ich, dass das Guthaben auf meiner Telefonkarte für ungefähr eine Dreiviertelstunde reichen würde.

Gut gelaunt lief ich die gut fünf Minuten Fußweg zur Telefonzelle, neben der die Bushaltestelle lag. Ich rief meine Tante an, die gleich abnahm. »Wie schön, deine Stimme zu hören!«, rief sie, und mir wurde ganz warm vor Freude.

»Kannst du mir die Nummer von Suleida in Kanada geben?«, bat ich und notierte mir die Nummer. Dann unterhielten wir uns angeregt über alles Neue, was in den letzten Wochen passiert war.

Draußen hielt ein Bus, Leute stiegen ein und aus und gingen davon. Nach einigen Minuten kam der nächste Bus, wieder stieg jemand aus und ging davon. Ein Mann kam aus der anderen Richtung, aus dem Wald, und stellte sich an die Haltestelle, über der die Laternen aufflammten. »Hier wird es schon dunkel, Tante!«, sagte ich. »Obwohl es erst 17 Uhr ist!« Meine Tante lachte. »Und hier ist es schon lange dunkel, *azizam*!« Ich musste ebenfalls lachen. Natürlich, im Iran war es schon drei Stunden später als hier in Deutschland. Aber die Temperaturen waren ganz ähnlich – auch bei meiner Tante in Tabriz waren es nur noch 7 Grad Celsius.

Als ich mich umdrehte, stand der Mann, der aus dem Wald gekommen war, immer noch da, obwohl mittlerweile schon mindestens vier weitere Busse angekommen und wieder abgefahren waren. Es war ein großer, sehr gepflegter Typ mit Brille, und obwohl ich registrierte, wie seltsam es war, dass er immer noch dort stand, nahm ich es nicht wirklich wahr. Ich war so vertieft in mein Gespräch, dass ich mich einfach wieder umdrehte und weiter mit meiner Tante telefonierte.

Als meine Telefonkarte schließlich aufgebraucht war, ich mich von meiner Tante verabschiedet hatte und umdrehte, stand er plötzlich direkt vor mir. Und ich begriff sofort: Jetzt wird es gefährlich.

Für einen Moment standen wir uns reglos gegenüber, dann riss er die Tür auf, packte mich und zog mich an sich. Erst jetzt sah ich, dass er seine Hose heruntergelassen hatte. Ich fing an zu schreien, aber vergeblich. Die ganze Zeit über waren Menschen gekommen und gegangen, aber jetzt war niemand in der Nähe.

Ich wehrte mich mit Händen und Füßen, versuchte, mich mit dem Stift zu verteidigen, ihn damit in die Arme zu stechen, aber er packte mich nur noch fester und stieß mich rücklings gegen das Telefon. Es tat so weh, dass ich nach Luft schnappte. Ich hatte Todesangst, bekam kaum noch Luft vor Angst. Er riss meinen Kopf nach hinten und zerrte an meiner Jeans, und jetzt geriet ich vollkommen in Panik. Plötzlich war mir klar, dass es um mein Leben ging. Dieser Mann, dieser große, unglaublich kräftige Mann war dabei, das Leben aus mir herauszupressen, um sich zu nehmen, worauf er Lust hatte. Ich nahm all meine Kraft zusammen und stemmte mich gegen ihn, aber ich merkte, dass ich dabei war, den Kampf zu verlieren. Ich war ein kleines, zierliches, 16-jähriges Mädchen und er ein großer, kräftiger, erwachsener Mann.

Er packte mich noch fester und drückte mich erneut mit Wucht gegen das Telefon in meinem Rücken, und in diesem Moment spürte ich, wie mich meine Kräfte verließen. Ich spürte, dass ich aufgeben musste. Dass ich sterben würde. Und genau in diesem Moment, diesem schrecklichen Moment hörte ich eine Stimme.

»He, was machen Sie da?!«

Der Mann ließ mich los und rannte davon. Ich sackte zu Boden. Jemand kniete sich neben mich.

»Alles ist gut! Bist du verletzt?« Ich zitterte am ganzen Körper und bekam kaum noch Luft. Als ich den Kopf hob, sah ich einen unserer Nachbarn aus dem Flüchtlingsheim. Hinter ihm blickten mich seine beiden kleinen Kinder mit verschreckten Augen an. Ich holte tief Luft, und dann fing ich an zu weinen.

Der Schlussstrich

Am nächsten Tag ging ich zwar zur Schule, aber innerlich war ich nicht anwesend. Immer wieder tauchte vor meinem inneren Auge dieser Mann auf, wieder und wieder spürte ich meine Todesangst, meine Erschöpfung, den Moment, in dem ich fast aufgegeben hätte.

Hatte ich mich falsch verhalten? Warum hatte ich nicht besser aufgepasst? War ich nicht selbst schuld an der Sache, zumindest zum Teil?

Wieder und wieder stiegen mir die Tränen in die Augen. Schließlich fiel es dem Mädchen, das neben mir saß, auf, und es fragte mich, was los war.

»Warum bist du so traurig? Erzähl mal!«

Eigentlich hatte ich keine Worte für das, was mir passiert war, aber dann erzählte ich ihr doch alles. Ich verlangte, dass sie es für sich behalten müsse, aber sie ging schnurstracks zur Direktorin.

Kurz darauf holten mich zwei Polizisten aus dem Unterricht und brachten mich zum Revier, um eine Anzeige und meine Aussage aufzunehmen. Und dann wurden mir Fotos von über dreihundert Männern gezeigt, Sexualstraftätern. Der Täter, der mich am Vorabend überfallen hatte, war nicht darunter, und ich war vollkommen verstört. Schließlich durfte ich nach Hause fahren, allein, mit dem Bus. Ich stieg an der Haltestelle aus, an der genau 24 Stunden zuvor alles passiert war, und der Kloß in meinem Hals wurde immer größer.

Die ganze Sache verlief dann im Sande. Aber danach veränderte ich mich.

Es war nicht nur der Schock, das Wissen darum, dass ich um ein Haar vergewaltigt worden wäre. Die andauernde Frage – die ich mir in dunklen Momenten manchmal heute noch stelle – plagte mich: Warum ist mir das passiert? Warum mir?

Natürlich weiß ich, dass es darauf keine zufriedenstellende Antwort gibt. Das, was mir passiert ist, passiert andauernd und überall, unzähligen Mädchen und Frauen, und die meisten haben eben nicht das Glück im Unglück, das ich am Ende hatte. Den meisten kommt niemand zu Hilfe, und viele werden nicht nur vergewaltigt, sondern auch noch getötet.

Ich weiß, dass mich keine Schuld trifft, sondern allein den Täter. Und doch ist die Erinnerung an dieses schreckliche Erlebnis derart schambehaftet, dass es mir auch jetzt schwerfällt, darüber zu schreiben. Doch ich glaube, dass es wichtig ist. Mich trifft keine Schuld, und all die anderen Mädchen und Frauen, denen Ähnliches widerfährt, ebenso wenig.

Und auch, wenn der Täter damals nie ausfindig gemacht werden konnte: Ich würde ihn jederzeit wieder anzeigen. Kein Mann, der eine Frau derart erniedrigt, zu einer Sache macht, die er nach Belieben nutzen, zerbrechen und wegwerfen kann, darf ungeschoren davonkommen. Und der erste Schritt dahin ist, darüber zu reden.

Damals aber traute ich mich nicht, über das Ereignis zu sprechen. Ich verschloss mich nur noch mehr, und mir ging es immer schlechter. Es kam einfach so vieles zusammen: die Scham, das Gefühl der Wertlosigkeit, meine Hilflosigkeit, die mangelnde Privatsphäre, das Gefühl der Einsamkeit, die fehlende Perspektive.

Ich wollte das alles einfach nicht mehr. Ich wollte nicht mehr in einer Klasse mit viel jüngeren Kindern sitzen, die mich zwar für meinen Kampfgeist, meine Tapferkeit und meinen Mut bewunderten, mit denen ich aber sonst nicht viel gemeinsam hatte. Ich wollte einen Schulabschluss haben, etwas Neues anfangen, ein richtiges Leben führen. Ich wollte einfach nur weg, aus dem Heim, der Schule, der ganzen Situation.

Ich fühlte mich unterfordert und zugleich überfordert. So viel Neues war auf mich eingeprasselt in den letzten zweieinhalb Jahren: Ich war aus meinem alten Leben gerissen und in ein ganz anderes Land, einen ganz anderen Kulturkreis katapultiert worden. Ich musste eine neue Sprache, neue Regeln, neue Umgangsformen lernen. In der Schule war ich schlecht, nicht, weil mir die Intelligenz fehlte, sondern weil ich keinen Platz zum Lernen hatte – wie auch, wenn man seit Jahren mit der eigenen Mutter in einem Zimmer auf 15 Quadratmetern leben muss? Von den meisten Lehrkräften fühlte ich mich ohnehin nicht anerkannt und willkommen schon gar nicht. Und so verlor ich endgültig die Lust an der Schule. Ich ging einfach nicht mehr hin. Der Tag nach diesem schrecklichen Erlebnis in der Telefonzelle war mein letzter Schultag gewesen.

Meiner Mutter erzählte ich nichts davon. Sie war sehr streng und dass Bildung das Wichtigste im Leben einer Frau ist, hatte sie mir schon von klein auf eingebläut. Also stand ich morgens auf, machte mich fertig und verließ das Heim. Aber statt in die Schule ging ich in den Park, saß stundenlang in der Novemberkälte auf einer Bank und starrte vor mich hin.

Langsam rutschte ich in eine tiefe Depression. Ich verschloss mich endgültig, sprach mit fast niemandem mehr, schluckte alles hinunter. Nicht nur ich, auch meine Gefühle waren heimatlos geworden.

Auszug aus dem Heim

Kurz darauf bekamen wir den Termin für unser zweites Interview. Zweieinhalb Jahre hatten wir darauf gewartet. Meine Mutter hatte jeden Tag vergeblich auf der Infotafel nachgesehen, ob unser Name darauf vermerkt war. Aber jetzt endlich stand der Termin fest – eine sehr aufregende Angelegenheit. Immerhin ging es um alles oder nichts: Würden wir endgültig als Asylsuchende in Deutschland anerkannt und eine unbeschränkte Aufenthaltsgenehmigung bekommen? Oder drohte uns womöglich die Ablehnung und damit im schlimmsten Fall die Abschiebung zurück in den Iran?

Ich stand dem Ganzen ein wenig zurückhaltend gegenüber. Natürlich war es toll, wenn wir endlich würden bleiben dürfen. Aber ich glaubte schon fast nicht mehr daran. Und würde sich für mich dann wirklich alles ändern? Oder wäre ich dann immer noch so wenig willkommen wie bisher? Würde jemals der Tag kommen, an dem ich mich hier oder irgendwo sonst zu Hause fühlte?

Am Tag der Anhörung brachte meine Mutter beim Frühstück nichts herunter, so aufgeregt war sie. Wir zogen unsere besten Sachen an und fuhren los. Während der Fahrt drückte ich die Hand meiner Mutter. Sie lächelte mich an und eine unergründliche Furcht lag in ihren dunklen Augen.

»Hoffentlich geht das gut!«, flüsterte sie.

Auch ich war auf einmal aufgeregt, als wir vor dem Raum standen, in dem die Anhörung stattfinden würde. Ein Angestellter rief uns herein, und dann saßen wir beide einem sehr ernst dreinblickenden Herrn und einer Dame gegenüber, die uns immer wieder streng über den Rand ihrer Brille anblickte.

Meine Mutter und ich beantworteten alle Fragen so gut es ging, und dann war es vorbei. Man bat uns, kurz draußen Platz zu nehmen, aber wir hatten uns kaum gesetzt, als wir schon wieder hineingerufen wurden.

»Wir sprechen Ihnen hiermit den unbegrenzten Aufenthaltstitel in Deutschland zu«, sagte die Dame und setzte einen dicken Stempel auf ein Schriftstück, das sie meiner Mutter überreichte.

Meine Mutter sah mich an, dann die Dame, dann den Herrn, dann stand sie auf und nahm das Schriftstück entgegen. »Danke«, sagte sie ruhig. »Vielen Dank!«

Draußen allerdings brach sie zugleich in Jubel und in Tränen aus. Geschafft! Wir hatten unseren Aufenthaltstitel zugesprochen bekommen. Das bedeutete, dass wir in Deutschland bleiben konnten – für immer, wenn wir das wollten.

Und es bedeutete, dass wir endlich aus dem Heim ausziehen und uns eine eigene Wohnung suchen durften. Meine Mutter wartete nicht lange mit der Wohnungssuche, schon kurz darauf zogen wir um, nach Weilimdorf, einen recht beschaulichen Stadtteil im Nordwesten von Stuttgart.

Der Abschied aus Degerloch fiel mir nicht schwer. Unsere neue Zweizimmerwohnung war wunderschön und lag im Erdgeschoss eines Mehrfamilienhauses im Grünen. Wir hatten einen eigenen Garten und ich bekam endlich mein eigenes Zimmer.

Natürlich war das eine großartige Veränderung. Meine Mutter war glücklich und malte sich unsere Zukunft in leuchtenden Farben aus. Und auch ich schöpfte ein wenig Hoffnung.

Aber trotzdem ging es mir schlecht.

Taub

Wie sollte es nun mit mir weitergehen? Ich war fast volljährig, hatte die Schule geschmissen und stand mit leeren Händen da. Die Vergangenheit hatte tiefe Wunden auf meiner Seele hinterlassen, die einfach nicht heilen wollten.

Ich war nicht hier zu Hause, war immer noch nicht angekommen. Immer noch war ich auf dem Sprung, war eine Suchende. Ich wusste nicht, wohin mit mir.

Ich kam einfach nicht klar, fand mich nicht zurecht. Stundenlang saß ich auf meinem Bett, weinte mir die Seele aus dem Leib, spürte meinen Schmerz.

Eine Zeit lang überlegte ich, ob ich vielleicht lieber zurück in den Iran gehen sollte. Aber die Verbindung zu meinem Heimatland gab mir keinen Halt mehr. Mein erstes Gespräch mit meinem Vater und meinen Brüdern nach meinem heimlichen Weggang aus dem Iran war sehr, sehr emotional gewesen – mein Vater hatte kaum reden können und nur geweint. Ich fand seitdem keine gemeinsame Sprache mehr mit ihm, zu viel war passiert.

Auch mit meinen Brüdern konnte ich nicht wirklich sprechen. Auf eine bestimmte Art waren wir alle drei traumatisiert – sie hatten Mutter und Schwester verloren, von einem Tag auf den anderen, ich hatte ohne meinen Vater und meine Brüder aufwachsen müssen. Jeder litt für sich, auf seine eigene Weise.

Und dann fing ich an, mich zu ritzen. Ich wusste selbst nicht, wie ich auf den Gedanken kam, aber auf einmal war er da, setzte sich in mir fest: *Wenn ich mir Schmerz zufüge, fühle ich mich wieder ruhiger. Dann geht es mir besser.*

Alles in mir fühlte sich taub an, begraben unter Trauer und Kummer. Wenn ich doch nur etwas spüren könnte … Wenn ich doch nur den Schmerz fühlen könnte, von dem ich wusste, dass er da war, in mir schlummerte. Vielleicht, so erklärte ich es mir später, musste ich mir Schmerz zufügen, um überhaupt wieder etwas zu spüren.

Schließlich nahm ich ein Messer und ritzte mir schmale, lange Linien in die Haut meiner Unterarme. Und tatsächlich, der Schmerz tat mir gut. Aber das hielt nur kurz an. Am Ende spürte ich gar nichts mehr –

meine Wunden fühlten sich nur noch taub an. So wie mein Inneres.

Völlig ausdruckslos betrachtete ich die Linien, die ich mir in die Haut geritzt hatte, alle sehr gerade und sauber nebeneinander. Warum hatte ich das getan?

Ich warf mich aufs Bett und starrte an die Decke. So lange, bis ich endlich einschlief.

Viermal ritzte ich mich und am Ende, beim vierten Mal, war es, als ob ich schlagartig erwachte. Plötzlich, während ich meine blutenden, verletzten Arme betrachtete, war ich schockiert über mich selbst. Auf einmal begriff ich in deutlicher Klarheit, dass auch das Ritzen nichts ändern würde. Ich musste etwas anderes finden, das mich trug, mich aus meiner Depression heraustrug.

Ich verstand, dass ich mich entscheiden musste. Entweder musste ich mit dem Iran abschließen und mich dazu entscheiden, Deutschland als meine neue Heimat anzusehen, oder ich musste zurückgehen. Ich musste mir endgültig darüber klar werden, ob ich hier leben wollte oder nicht.

Damals, als ich 14 war, hatte meine Mutter die Entscheidung übernommen, aber jetzt war ich alt genug, um selbst zu endscheiden. Damals hatte meine Mutter mich mit auf die Reise genommen, jetzt musste ich mich selbst auf die Reise machen, diesmal auf eine innere Reise. Um mich zu finden. Und zu erkennen, wer ich eigentlich war und wer ich sein wollte. Und wo ich leben wollte.

Ich entschloss mich, nach vorn zu blicken.

Und deshalb …

Die Zeit damals war wirklich hart für mich. Wenn ich daran zurückdenke, kann ich immer noch spüren, wie verloren und unglücklich ich mich damals fühlte. Wie aussichtslos und düster mir die Zukunft vorkam, wie einsam und verloren ich war.

Viermal ritzte ich mich, 33 Narben trage ich heute noch auf meiner Haut, manche mehr, manche weniger sichtbar. Manchmal sprechen mich die Leute darauf an, aber ich stehe dazu. Meine Narben, meine Vergangenheit gehören zu mir und es ist mir nicht wichtig, wie andere Menschen darüber urteilen.

Wichtig ist, dass ich selbst zu mir stehe. Dass ich mich selbst akzeptiere und gut zu mir bin.

Zum Glück war ich damals nicht ganz allein. Meine Mutter stand mir bei, so gut es ging. Auch wenn wir nicht viel miteinander über meine Gefühle sprachen, wusste sie doch, wie es mir ging. Und sie wusste, was ich vielleicht brauchte: eine Aufgabe, ein Licht, das mir leuchtete. Eine Arbeit. Zukunftsperspektiven. Und den Mut, nach vorne zu sehen. Deshalb sage ich dir:

Gib niemals auf!

Hier und heute

Selen klopft an die Tür. »Sofia? Myriam ist gerade gekommen.«

Ich blicke auf und deute auf mein Handy. »Ouided ist dran. Ich brauche noch einen Moment. Zeig Myriam doch schon mal die Räumlichkeiten!«

»Gern.« Selen lächelt mir zu, geht wieder hinaus in den Empfangsraum und ich wende mich Ouided noch einmal zu. »Ouided? Wo waren wir?«

»Na, wir haben überlegt, welche Ausstellung wir uns als Nächstes ansehen«, sagt Ouided, und ich kann direkt vor mir sehen, wie sie auf ihrem Tablet herunterscrollt. »Am Samstag, 16 Uhr. Kannst du das eintakten?«

Ich nicke. »Ja, das passt. Und wohin gehen wir?«

»Ich überlege mir was«, sagt Ouided und lacht leise. »Und nun widme du dich mal deinem Job. Also, ich melde mich!«

»Ciao!«, sage ich fröhlich und lege auf. Ouided, meine beste Freundin, macht mir immer gute Laune. Mit ihr kann ich über so vieles reden wie mit niemandem sonst. Wir haben ähnliche Interessen, lieben Kunst, besuchen gemeinsam Museen und Galerien und können dann hinterher endlos darüber diskutieren. Wir haben dasselbe Mindset, bringen uns gegenseitig weiter. Mit niemandem philosophiere ich so gern tiefgründig wie mit Ouided. Ich freue mich jetzt schon auf unser nächstes Treffen. Ich bin sicher, sie sucht etwas Spannendes aus.

Ich schiebe den Kahlo-Bildband ein Stückchen nach hinten und gehe hinaus in den Empfangsraum. Selen steht neben Myriam, die ausgesprochen nervös wirkt. Myriam hat sich als zusätzliche Assistentin beworben.

Heute ist ihr erster Tag hier, ein Probetag, um zu sehen, wie sie sich macht.

»Hallo, Sofia! Ich freue mich so sehr, dass ich heute hier sein darf!«, sagt sie und streckt mir mit einem strahlenden Lächeln die Hand hin. »Ich bin ja so aufgeregt!«

Ich muss lächeln. »Na, das sind doch beste Voraussetzungen!«, sage ich. »Hat Selen dir schon alles gezeigt?«

Sie nickt eifrig. »Ja, ach, und es gefällt mir super hier! Darf ich denn gleich auch schon mal bei einer Behandlung zugucken?«

»Wenn die Kundin damit einverstanden ist, spricht nichts dagegen«, sage ich und muss erneut lächeln, als ich sehe, wie Myriam vor Freude von einem Bein aufs andere tritt.

Deshalb habe ich sie bei ihrem Vorstellungsgespräch vor vier Wochen auch ausgewählt: Sie ist mit Feuereifer dabei und freut sich, ihre Fähigkeiten zeigen zu können.

So wie ich damals, als meine Mutter mir den Vorschlag machte, zusammen ein Kosmetikstudio zu eröffnen. Als sie mich an ihrem Wissen und ihren Fähigkeiten teilhaben ließ und mir damit eine Aufgabe verschaffte, die mich aus meiner Depression herauslöste.

Klar, jede und jeder von uns muss den eigenen Lebensweg allein gehen. Aber manchmal kann ein anderer Mensch uns ein wenig auf diesem Weg begleiten – und geleiten. Oder zumindest die Richtung zeigen, in die es gehen kann.

Meine Mutter hat mir damals die Richtung gewiesen. Alles andere habe ich allein geschafft. Aber für ihre Hilfe bin ich ihr unendlich dankbar.

Kapitel 6

Das Schöne sehen: Sonnige Zeiten

Der Plan

Eines Nachmittags, als ich auf meinem Bett lag und vor mich hinstarrte, klopfte meine Mutter an die Tür. »Sofia«, sagte sie und setzte sich auf meine Bettkante. »Hör mal. Ich habe überlegt. Und ich habe einen Plan. Für dich und für mich.«

Ich seufzte, aber dann richtete ich mich halb auf und sah meine Mutter an. Wie immer war sie tadellos gekleidet und ihre Haare waren bestens frisiert. Ihre langen Fingernägel waren säuberlich lackiert und natürlich war sie perfekt geschminkt.

Eigentlich kannte ich meine Mutter nicht anders. Immer schon, selbst in den äußerst ärmlichen Verhältnissen im Degerlocher Flüchtlingsheim, hatte sie sehr auf ihr Äußeres geachtet. Nie ließ sie sich gehen und niemand bekam sie jemals in Jogginghosen oder mit strähnigen Haaren zu sehen. Als ausgebildete Friseurin und

Kosmetikerin kannte sie sich bestens aus und konnte sich auch in schwierigen Situationen behelfen.

Früher, im Iran, hatte sie sich manchmal dreimal am Tag umgezogen. Auch in der Wohnung trug sie hochhackige Schuhe und Kostüme. Ich hatte sie dafür immer sehr bewundert.

Auch meinen Brüdern und mir hatte sie von klein auf beigebracht, stets auf unser Äußeres zu achten. Waschen, Zähne putzen, Haare kämmen – darauf wurde bei uns immer viel Wert gelegt. Auch meine Großmutter war an keinem Tag aufgestanden, ohne sich vorher passende Kleidung zurechtzulegen, sich nach der Morgendusche die Haare zu föhnen und sich zu schminken. »Wenn du dich gehen lässt«, hatte meine Mutter mir ein ums andere Mal erklärt, »dann verlierst du am Ende über alles die Kontrolle.« Etwas Ähnliches hatte der Modeschöpfer Karl Lagerfeld einmal gesagt, wie ich später erfahren habe: »Menschen, die Jogginghosen tragen, haben die Kontrolle über ihr Leben verloren.« Ob das nun immer stimmte, vermochte ich nicht zu beurteilen, aber auch mir war ein gepflegtes Äußeres schon immer sehr wichtig gewesen.

»Was für einen Plan hast du denn?«, fragte ich und stützte mich auf dem Ellenbogen auf. Draußen zwitscherte eine Amsel und die Sonne schien durch das Fenster auf mein Bett.

»Ich möchte, dass du eine Ausbildung zur Nageldesignerin machst. Und dann eröffnen wir beide gemeinsam einen Kosmetiksalon«, sagte meine Mutter.

Ich starrte sie sprachlos an. Dann setzte ich mich aufrecht hin. »Meinst du das ernst, Maman?«

Meine Mutter nickte. Ein kleines Lächeln umspielte ihre Mundwinkel, als sie sich vorbeugte und eine Hand auf meine legte. »Ja, das meine ich ernst. Ich habe mich erkundigt. Du kannst nächsten Montag beginnen. Während du die Ausbildung machst, mache ich einen Kurs, durch den mein Meisterbrief auch in Deutschland anerkannt wird. Und dann suchen wir uns einen Laden in guter Lage und machen uns selbstständig.«

»Und … woher hast du das Geld? Dafür braucht man doch Geld, wenn man sich selbstständig machen will?«

Meine Mutter nickte und jetzt lächelte sie noch breiter. »Ich habe in der letzten Zeit viel gearbeitet und jeden Cent zur Seite gelegt. Es wird knapp, aber es wird gerade so reichen. Und was deine Ausbildung angeht … Dein Vater hat eingewilligt, sie dir zu bezahlen.«

Ich machte den Mund auf und wieder zu. Und gleichzeitig spürte ich, wie eine Hoffnung in mir aufzukeimen begann.

Es gab tatsächlich eine Perspektive für mich. Irgendwo weit hinten in der Dunkelheit, die mich seit Monaten umgab, war plötzlich ein Licht aufgetaucht, ein Hoffnungsschimmer, der mit jeder Sekunde heller wurde. Und als wäre es ein Zeichen, fiel mit einem Mal ein heller Sonnenstrahl auf das lächelnde Gesicht meiner Mutter und brachte ihre Augen zum Leuchten.

»Du wirst sehen, mein Liebling, es wird alles gut gehen«, sagte meine Mutter und drückte meine Hand.

Und ich weiß nicht, warum, aber auf einmal wusste ich, dass sie recht haben würde.

Die Ausbildung

Mein Vater betrachtete die Finanzierung meiner Ausbildung zur Nageldesignerin als Investition in meine Zukunft. Ich hatte die Schule abgebrochen, war mittlerweile volljährig und damit auch nicht mehr schulpflichtig. Ich stand ohne jeglichen Schulabschluss da. Meine Chancen auf einen Ausbildungs- oder einen Arbeitsplatz waren dadurch sehr gering. Mit der Ausbildung zur Nageldesignerin tat sich zumindest die Möglichkeit auf, Geld zu verdienen. Das hatten meine Eltern sich gemeinsam überlegt, und alles Weitere würde dann in meinen eigenen Händen, in meiner Verantwortung liegen.

Die Ausbildung zur Nageldesignerin dauerte drei Monate und kostete 2000 Euro, aber tatsächlich erwies sich die Investition als äußerst lohnend. Der Beruf war noch neu, aber stark im Kommen. Man konnte gutes Geld damit verdienen, Stundenlöhne von 60 oder 70 Euro waren keine Seltenheit.

Der Plan meiner Mutter sah vor, dass ich meine neu erworbenen Kenntnisse in unserem gemeinsamen Kosmetiksalon anwenden würde, während sie dort als Kosmetikerin und Friseurin arbeiten konnte. Die Kundinnen würden also einen Rundumservice erhalten können.

Meine Mutter hatte schon im Iran selbstständig gearbeitet und ihren eigenen Laden geführt. Sie hatte daher keine Angst davor, diesen Schritt auch in Deutschland zu wagen. Und außerdem glaubte sie fest daran, dass ich mit dieser Aufgabe glücklich sein würde.

So war es auch. Vom ersten Tag an machte mir die Ausbildung großen Spaß. Sehr bald stellte ich fest, dass mir

Maniküre und Nageldesign ganz hervorragend lagen. Nicht nur die technischen und medizinischen Aspekte beherrschte ich bald mühelos, auch meine künstlerische Ader konnte ich endlich, nach langer Zeit, wieder zum Einsatz bringen. Ich liebte es, mir Gedanken über Formen und Farben zu machen und mir eigene Applikationen auszudenken und anzufertigen.

Mit jedem Tag, den ich in der Ausbildung verbrachte, wichen die düsteren Gedanken und Gefühle, die mich in den Monaten zuvor fest im Griff gehabt hatten, weiter von mir. Mit jedem Tag fühlte ich mich wohler und zufriedener. Endlich hatte ich wieder eine Aufgabe, endlich konnte ich meine Fähigkeiten unter Beweis stellen und vervollkommnen.

Ich konnte den Tag kaum erwarten, an dem meine Mutter und ich unseren gemeinsamen Laden aufmachen würden. Und als ich nach drei Monaten mein Zeugnis in der Hand hielt, hüpfte ich den ganzen Weg bis zur Bushaltestelle vor Freude.

Meine Mutter schaffte die neuerliche Meisterprüfung mühelos und machte sich sofort auf die Suche nach einem geeigneten Laden. Schließlich wurde sie fündig.

Eine unschlagbare Kombination

»Und, was sagst du dazu?«

Meine Mutter sah mich mit hochgezogenen Augenbrauen an. Ich drehte mich einmal langsam im Kreis und sah durch die großen Schaufenster hinaus auf die belebte Straße. Unablässig liefen Menschen mit Einkaufstaschen auf den breiten Bürgersteigen vorbei, auf der schmalen Straße dahinter herrschte reger Verkehr. An Laufkundschaft würde es uns nicht mangeln. Aber …

»Ist das nicht viel zu groß für uns, Maman?«, fragte ich unsicher. Immerhin maß das Ladenlokal gut 200 Quadratmeter, die wir erst einmal umbauen und einrichten mussten. Das bedeutete eine große Investition. »Können wir uns das denn leisten?«

Meine Mutter legte eine Hand auf meinen Arm und lächelte sanft. »Das können wir. Weil wir fleißig arbeiten werden, mein liebes Kind. Und je mehr wir arbeiten, desto mehr verdienen wir. Dann werden wir alles, was ich mir jetzt noch leihen muss, bis auf den letzten Rest zurückzahlen können.« Sie streckte die andere Hand aus, und nach einem Moment legte ich meine hinein.

»Abgemacht, Maman!«

»Abgemacht!«, sagte meine Mutter, und dann fielen wir uns in die Arme.

Genauso, wie meine Mutter es vorausgesagt hatte, kam es auch. Ihr Erspartes reichte für die Kaution und die nötigsten Anschaffungen. Es gelang uns, den Laden, der zuvor eine alte Apotheke gewesen war, wunderschön um- und auszubauen, mit edlen Wandverkleidungen, sorgsam polierten Böden, einer sofort ins Auge fallenden Theke und zwei verschiedenen, elegant eingerichteten Kosmetikräumen. Ein Jahr dauerte es, bis die Einrichtung komplett war, aber in diesem einen Jahr lockten wir bereits so viel Kundschaft an, dass wir danach wieder schuldenfrei waren.

Unseren Laden nannten wir *S&P-Style*, abgeleitet von den Initialen unserer beider Vornamen: Sofia und Perry. Meine Mutter kümmerte sich um Haarstyling und Kosmetik, ich beschäftigte mich mit Maniküre und Nageldesign.

Ich war vollkommen euphorisch und mit großer Begeisterung bei der Sache. Endlich, endlich hatte ich eine Aufgabe, die mir richtig gut gefiel. Ich hatte einen Platz, an den ich gehörte, und mehr noch: Ich verdiente gutes Geld damit. Sehr gutes Geld! Binnen kurzer Zeit blühte ich völlig auf, die Depressionen, die mir in den Wochen und Monaten zuvor aufs Gemüt geschlagen hatten, waren vorbei.

Und das Beste war: Ich arbeitete mit meiner Mutter zusammen, dem Menschen, dem ich am meisten vertrauen konnte. Die Kombination war unschlagbar. Unser Verhältnis intensivierte sich, wir verstanden uns besser als je zuvor.

Der Laden läuft

Nachdem wir den Laden eröffnet hatten, waren meine Mutter und ich unglaublich nervös. Da ich viel besser Deutsch sprach als sie, war ich diejenige, die unsere Kund*innen empfing, Fragen beantwortete, durch den Laden führte und ausführlich erklärte, was genau wir alles anboten.

Aber schnell legte ich meine Nervosität ab. Mit jedem neuen Kundengespräch wurde ich selbstsicherer, und nach einer Weile freute ich mich richtiggehend auf meine Tätigkeit als Empfangsdame. Denn ganz nebenbei verbesserte ich auf diese Art meine ohnehin guten Deutschkenntnisse noch weiter, und das war schnell hörbar.

Zunächst bestand unsere Kundschaft hauptsächlich aus Nachbarn, unter denen sich meine Mutter bis dahin schon einen guten Namen gemacht hatte. Kaum, dass wir nach Weilimdorf gezogen waren, hatte sie begonnen, den älteren und dann auch jüngeren Damen in der Nachbarschaft die Haare zu machen, stets zu deren vollsten Zufriedenheit.

All diese Nachbarinnen kamen also nun zu uns in den Laden, wo sie den höheren Komfort sehr genossen und uns in der Folge weiterempfahlen. Die Nachricht, dass bei *S&P-Style* Mutter und Tochter hervorragende Arbeit leisteten, sprach sich schnell herum, und bald rannten uns die Kund*innen den Laden ein.

Schließlich hatten wir weitaus mehr Kundschaft, als wir zu zweit bedienen konnten. Wir stellen drei Friseurinnen ein, und da meine Mutter ihren Meisterbrief hatte, durften wir auch ausbilden und nahmen zwei Auszubildende auf.

Social Media gab es damals noch nicht, aber das Geschäft lief auch so bestens. Der Laden brummte nur so, die Stimmung war super. Bei uns war immer was los, und das ganz ohne Werbung. Allein durch Mundpropaganda waren wir pausenlos ausgebucht.

Zwei glückliche Jahre

Wenn ich durch den Laden ging und die zufriedenen, munter schwatzenden Kund*innen betrachtete, dann konnte ich manchmal nur staunen. Ich ging völlig auf in meiner Arbeit, bekam jede Menge Anerkennung, konnte meine künstlerischen Fähigkeiten auf eine professionelle Art zeigen und finanziell gut davon leben. Mit gerade mal 20 Jahren leitete ich nun also gemeinsam mit meiner Mutter ein gutgehendes Unternehmen, was mich sehr stolz machte. Und es bereitete mir Freude, Verantwortung zu übernehmen und meine Führungsposition auszubauen.

Aber nicht nur in dieser Hinsicht war meine Mutter, die schließlich schon jahrelange Erfahrung als selbstständige Geschäftsfrau hatte, meine Lehrmeisterin. Auch ein anderes Gebiet, dessen Technik ich in unserem gemeinsamen Laden ausprobieren und verfeinern konnte, hatte sie mir nahegebracht: Schon immer hatte ich mich für ihre Arbeit interessiert und wann immer es möglich gewesen war, hatte sie mich mit zu ihren Besuchen bei Kundinnen genommen. Viele dieser Kundinnen legten großen Wert auf wohlgeformte Augenbrauen. Ich hatte das stets interessiert beobachtet und mir die Technik gemerkt, die meine Mutter bei ihnen angewandt hatte.

Eines Tages war meine Mutter nach einem langen Arbeitstag bei ihrer letzten Kundin derart erschöpft, dass sie mich zu sich rief. »Pass auf, Sofia, pack bitte mal das zweite Gerät raus und mache du bitte die Augenbrauen bei dieser Dame.«

Verdutzt hatte ich sie angesehen. Meine Mutter nickte energisch.

»Ich weiß, dass du das schaffst. Ich vertraue dir.«

Die Kundin hatte mich auffordernd angelächelt. Plötzlich hatte ich gespürt, wie mich eine Welle aus Mut und Stolz überkam. Ich hatte das Gerät ausgepackt und losgelegt.

Die Kundin war überaus erfreut über das Ergebnis und meine Mutter hatte zufrieden gelächelt und meine Hand gedrückt.

Von da an hatte ich immer wieder bei den Augenbrauen ausgeholfen, wenn es sich anbot oder meine Mutter keine Zeit hatte. Aber jetzt, in unserem gemeinsamen Laden, war ich keine Aushilfskraft mehr. Nun konnte ich eigenverantwortlich arbeiten. Und nicht nur ich selbst stellte fest, dass ich meine Sache ausgezeichnet machte.

In meinem Skizzenbuch, das mir mein Kunstlehrer aus der Hauptschule Degerloch geschenkt hatte, zeichnete ich nun vermehrt Porträts mit besonders gelungenen Augenbrauen. Ich versuchte immer wieder, die Form der Brauen zu verfeinern und zu verändern. Vielleicht ahnte ich damals schon, dass mich genau dieses Gebiet eines Tages noch ganz besonders beschäftigen würde.

Die zwei Jahre, in denen ich mit meiner Mutter unseren gemeinsamen Laden führte, waren eine wirklich schöne Zeit. Auch privat ging es mir gut: Zum ersten Mal verliebte ich mich und führte eine glückliche Beziehung. Alles lief gut, nach langer Zeit im Schatten stand ich nun endlich auf der Sonnenseite des Lebens.

Ich war rundherum glücklich und genoss jede Minute. Dann wurde ich 21. Und bald danach schob sich eine kleine Wolke vor die Sonne.

Und deshalb …

Wenn ich an diese Zeit zurückdenke, kommt es mir vor, als hätte damals über zwei Jahre hinweg immer nur die Sonne geschienen. Tagein, tagaus war ich mit schönen Dingen beschäftigt, die mich sehr glücklich machten.

Schon immer hatte es mir gefallen, schöne Dinge zu betrachten, gepflegte Menschen, saubere, gut eingerichtete Wohnungen. Auf all diese Dinge wurde in meiner Familie immer schon großer Wert gelegt. Schon als kleines Mädchen hatte meine Mutter mich stets mit Hingabe frisiert, mir hübsche Kleidung genäht und gekauft.

Und nicht nur meine Eltern, sondern auch meine Großeltern hatten immer auf ihr Äußeres geachtet. Auch meine heute fast 90-jährige Großmutter legt sich noch heute jeden Abend passende Kleidung zurecht und verlässt nie das Haus, ohne perfekt frisiert, geschminkt und gekleidet zu sein.

Sicher, Schönheit ist nicht alles, und wahre Schönheit kommt von innen. Aber ich bin fest davon überzeugt, dass es gut ist, schöne Dinge zu sehen.

Schönheit und Bildung betrachte ich als zwei Grundpfeiler unserer Existenz. Wenn du dein Äußeres pflegst, pflegst du damit auch deine Seele. Und wenn du deinem Geist Nahrung gibst, fütterst du damit auch deine Seele.

Es gilt, beides in Einklang zu bringen. Wenn eines fehlt, ist das andere im Ungleichgewicht. Ich habe das in meiner Jugend schmerzhaft erfahren. Und deshalb:

Achte auf dich!

Hier und heute

Meine Mittagspause verbringe ich, wie so oft, nicht im Studio, sondern nutze die Zeit dafür, noch einige kleinere Einkäufe zu erledigen. Manchmal laufe ich in der Pause gern zum Weißenburgpark, an anderen Tagen, so wie heute, schlendere ich durch die belebte Olgastraße.

Einige Schulen liegen in der Nähe und gerade zur Mittagszeit laufen die Schülerinnen und Schüler gern in Trauben hinunter zum Supermarkt oder zu einem der Imbissläden in der Nähe.

Bei einem Café um die Ecke nehme ich für Selen und mich zwei belegte Bagel mit, dann husche ich noch kurz beim Teeladen vorbei, um einige ausgewählte Sorten abzuholen. Auf dem Rückweg kommen ein paar junge Mädchen an mir vorbei, die angeregt miteinander reden. Als sie mich sehen, verstummen sie alle drei. Ich spüre, dass sie mir nachsehen.

Keine Ahnung, ob sie mich erkannt haben, das spielt auch keine Rolle. Aber ich freue mich, wenn ihnen mein selbstbewusstes Auftreten gefällt.

Das ist mir nicht in die Wiege gelegt worden, auch wenn ich sagen kann, dass wir Iraner schon ein ziemlich stolzes Völkchen sind. Aber den Respekt, den andere mir schon aufgrund meines Äußeren entgegenbringen, musste ich mir hart erarbeiten. Begonnen habe ich damit, dass ich mich selbst respektiert habe.

Meine Bildung war dabei ein wichtiger Baustein. Nicht für jeden Menschen muss das so sein, und vor allem: Nicht jede*r hat überhaupt Zugang zu Bildung. In manchen Ländern und Kulturen ist es vor allem für Mädchen und Frauen unmöglich, sich weiterzubilden. Und auch ich habe eine Weile gebraucht, bis ich mich dazu durchgerungen habe, die Möglichkeiten zu nutzen, die uns das deutsche Bildungswesen bietet.

Im Nachhinein glaube ich, dass ich mich nie zu dem Menschen entwickelt hätte, der ich heute bin, wenn ich mich damals nicht entschieden hätte, mich noch einmal weiterzubilden.

Den Anstoß dazu gab mir, wie so oft im Leben, ein Mensch, der genauer hingesehen hat.

Kapitel 7

Sein und Schein: Zurück auf die Schulbank

Eine Frage mit Folgen

Sofia, darf ich dich mal was fragen?«

Ich blickte hoch. Meine gute Freundin Serap lag entspannt auf der Liege und sah mich neugierig an. In meiner rechten Hand hielt ich ihre linke, denn ich war gerade dabei, ihr die Nägel zu machen. Die Finger der rechten Hand hatte ich schon bearbeitet und ihr besonders kunstvolle Applikationen gestaltet, mit denen sie sich wirklich würde sehen lassen können.

Serap und ich hatten stets viel Spaß miteinander, wir konnten uns alles anvertrauen und erzählen. Jetzt lag ihr intensiver Blick fragend auf mir.

»Klar, schieß los«, sagte ich und legte den Nagelhautentferner hin.

Serap holte tief Luft. »Ganz ehrlich, Sofia: Du bist total intelligent und begabt. Warum in aller Welt hast du eigentlich keinen Schulabschluss?«

Ein bisschen war es, als hätte sie mir einen leichten Boxhieb versetzt. Serap selbst war türkischstämmige Deutsche, in Deutschland geboren und aufgewachsen. Nach dem Abitur hatte sie gleich zwei Studiengänge hintereinander absolviert und jetzt einen sehr gut bezahlten Job. Nie zuvor hatten wir über meine schulische Laufbahn gesprochen.

Ich zuckte mit den Schultern. »Ich weiß es eigentlich auch nicht so genau«, sagte ich. »Schule ist für mich kein Thema mehr.«

»Schade eigentlich«, sagte Serap und betrachtete erst ihre Hand, dann mich. »Du bist echt nicht dumm. Schade, dass du deinen Abschluss nicht nachholst. Ich an deiner Stelle würde es jedenfalls machen. Dann hast du viel mehr Möglichkeiten.«

Ich starrte sie einen Moment lang verblüfft an, dann nahm ich den Nagelhautentferner wieder auf und zuckte mit den Schultern. »Wollen wir weitermachen?«

Den restlichen Tag war ich sehr nachdenklich. Irgendwie hatte Seraps Frage etwas in mir angestoßen, ein lang unterdrücktes Bedürfnis.

Wollte ich wirklich für den Rest meines Lebens Nageldesignerin bleiben? Hatte ich nicht einst große Träume gehabt, hatte ich nicht studieren wollen, Karriere machen, am liebsten in einem künstlerischen Beruf? Wo waren meine Träume geblieben?

Mach was draus!

Am nächsten Tag rief ich Serap an und fragte sie, ob sie sich mit Schulabschlüssen auf dem zweiten Bildungsweg auskenne und mir sagen könne, wie ich am besten vorginge.

Sie lachte am Telefon. »Klar kann ich das. Also, es ist ganz einfach: Du meldest dich bei der Volkshochschule für den Hauptschulabschluss an. Dann hast du die Wahl zwischen Tages- oder Abendschule. Ich nehme an, die Abendschule ist für dich die bessere Option, dann kannst du tagsüber arbeiten und abends gehst du zur Schule. Ist zwar anstrengend, aber das lohnt sich garantiert.«

Ich nickte, obwohl Serap das am Telefon ja gar nicht sehen konnte. »Wow, krass, eine neue Herausforderung!«

Serap lachte erneut. »Ja, genau. Und du liebst doch Herausforderungen, oder?«

Serap hatte vollkommen recht, ich liebe Herausforderungen. Und eigentlich bin ich schon immer so ein Typ, der sie auch annimmt. Ich sehe es so: Alles, was einem begegnet im Leben, hat einen Sinn. Manche Dinge sind Zeichen. Man muss sie nur erkennen. Und es ist gut, ab und zu mal einen Schritt zurückzutreten und sich selbst mit Abstand zu betrachten.

Genau das habe ich an jenem Tag getan. Nein, dumm war ich wirklich nicht, aber ich war auf eine Art trotzdem dumm, weil ich bislang unter meinen Möglichkeiten geblieben war. Ich hatte mein Potenzial nie ausgeschöpft, sondern einfach nur meinen Job gemacht und nicht weiter in die Zukunft gedacht.

Ich hatte unglaublich viel erlebt und gesehen in meinem jungen Leben. Aber was hatte ich daraus gemacht?

Am Ende, das wurde mir klar, zählen nur Fakten. Viel erzählen kann jeder, aber wenn ich nichts in der Hand habe, dann bin ich auch nichts.

Schon einen Tag später hatte ich einen Termin in der nächstgelegenen Volkshochschule, wo ich mich zum Hauptschulabschluss anmeldete – natürlich auf der Abendschule. Sie lag nur 40 Meter entfernt, das konnte kein Zufall sein. Tag für Tag war ich daran vorbeigelaufen. Aber ab jetzt würde ich Abend für Abend hineingehen.

Morgens und abends

Meine Mutter fand meinen Plan richtig gut. »Das ist eine sehr gute Idee!«, sagte sie, als ich ihr davon erzählte. »Mit Bildung schaffst du alles. Mit Bildung besitzt du die Welt! Und wenn du keine Zeugnisse vorweisen kannst, dann hast du nichts und bist du niemand.«

Diese Sprüche hatte ich schon als Kind von ihr gehört, aber erst jetzt, mit Anfang 20, begriff ich wirklich, was sie damit meinte. Mir wurde klar, dass ich nichts in der Hand hatte, nur meine Fähigkeiten und meinen Fleiß. Abgesehen von meinem Zertifikat über meine dreimonatige Ausbildung zur Nageldesignerin besaß ich keinen einzigen Nachweis, der bescheinigte, dass ich etwas gelernt hatte. Das passte nicht zu dem Bild, das ich eigentlich von mir hatte.

Ich war talentiert, konnte gut reden, kam sympathisch rüber. Aber vorzuweisen hatte ich nichts.

Das deprimierte mich auf einmal total. Nein, das hier war noch nicht alles. Ich war noch lange nicht an meinem Ziel angekommen. Ich spürte, wie die innere Leere, die mich in Degerloch und danach gefangen gehalten hatte, wieder von mir Besitz zu nehmen drohte. Aber diesmal konnte ich etwas dagegen unternehmen.

Die Schule kostete Geld und auch die Lehrbücher musste ich auf eigene Kosten anschaffen. Aber das machte mir nichts aus.

Tagsüber arbeitete ich weiter in unserem Geschäft, danach besuchte ich von Montag bis Freitag die Abendschule, drei Stunden pro Tag.

Ganz einfach war es nicht, mich in diesen neuen Rhythmus einzufinden. Das letzte Mal hatte ich vor knapp drei Jahren die Schulbank gedrückt; wie man systematisch lernt, musste ich mir erst wieder mühsam erarbeiten. Meine Mitschüler*innen waren allesamt viel jünger als ich, aber das störte mich wenig. Ich war mit Feuereifer bei der Sache, auch wenn es mich ziemlich viel Kraft kostete.

Jeden Abend fiel ich todmüde ins Bett, um am nächsten Morgen früh wieder aufzustehen und zur Arbeit zu gehen. Aber irgendwie machte es mir kaum etwas aus. Ich hatte mein Ziel fest im Blick. Und ich erreichte es: Ein Jahr später machte ich den Hauptschulabschluss mit einem Durchschnitt von einer glatten 2,0.

Gymnasium? Ich?

Aber wenn ich gedacht hatte, jetzt würde Ruhe einkehren, dann hatte ich mich getäuscht. Das Lernen hatte einen Nerv in mir getroffen; ich spürte, dass noch mehr drin war.

Das sah Serap genauso. »Krass«, sagte sie, als sie mein Zeugnis studierte. Dann sah sie auf und schob ihre Sonnenbrille ins Haar. »Sag mal, du arbeitest doch schon seit zwei Jahren in eurem Laden, oder? Kannst du das nachweisen?«

»Klar«, sagte ich und sog an meinem Strohhalm. Es war Wochenende, Sonntag, und Serap und ich saßen in einem Café in der Fußgängerzone und genossen einen der ersten warmen Sommertage. »Warum?«

Serap nippte an ihrem Getränk. »Dann kannst du doch jetzt noch dein Abitur machen«, sagte sie lässig.

Ich verschluckte mich fast, so sehr musste ich lachen. »Du spinnst«, sagte ich. »Guck doch noch mal hin!« Ich tippte auf mein Zeugnis. »Hier steht Hauptschulabschluss. Damit kann man doch kein Abitur machen! Dazu braucht man den erweiterten Realschulabschluss.«

»Sofia«, sagte Serap schmunzelnd. »Wir sind hier in Deutschland. Und hier läuft das zufällig anders. Wenn du zwei Jahre gearbeitet und deinen Hauptschulabschluss hast, dann gilt das als Realschulabschluss. Und damit kannst du dich beim Abendgymnasium anmelden. Alles klar?«

Ich starrte sie ungläubig an, aber als ich sah, dass sie es tatsächlich ernst meinte, lehnte ich mich erst mal zurück und sog erneut an meinem Strohhalm.

Gymnasium? Abitur? Ich?

Die Vorstellung war so weit von mir entfernt, dass es fast absurd klang. Aber andererseits … Hatte ich nicht immer die Herausforderung gesucht? Dies hier war eine, und was für eine!

Während meiner gesamten Schulzeit hatte ich immer gedacht, dass ich nichts hinkriegen würde. Ich hatte mich so oft unglaublich wertlos gefühlt. Aber das hier war meine Chance. Wenn so viele andere das Abitur machten – warum sollte ich das eigentlich nicht schaffen?

Serap lachte. Ich sah sie an.

»Was?«

»Du hast dich schon entschieden«, sagte sie grinsend. »Lass uns darauf anstoßen!«

Die Ochsentour

Eine Ochsentour, so nennt man einen langsamen beruflichen Aufstieg, eine mühevolle Laufbahn, die enorm viel Kraft kostet.

Meistens bezeichnet man damit Politikerkarrieren, aber ich finde, der Ausdruck passt perfekt auf meine eigene schulische und berufliche Entwicklung. Wirklich, die Jahre, die ich parallel auf der Schulbank und bei der Arbeit verbracht habe, waren enorm anstrengend. Manchmal war ich so müde, dass ich in jeder beliebigen Sitzposition hätte einschlafen können. Und trotzdem war ich hundertprozentig bei der Sache.

Nachdem ich alle nötigen Nachweise eingereicht und dann tatsächlich zum Abendgymnasium zugelassen wurde, lief ich erst mal tagelang mit einem strahlenden Lächeln durch die Gegend. Jedem, den ich traf, erzählte ich davon, so stolz war ich. Allein, dass ich angenommen worden war, empfand ich als die größte Bestätigung, die ich bisher erfahren hatte.

Der Unterricht war in der Tat eine große Herausforderung. Alle aus meiner Klasse hatten entweder den Realschulabschluss in der Tasche oder das Gymnasium abgebrochen, stiegen also auf einem viel höheren Niveau ein als ich mit meinem nachgeholten Hauptschulabschluss und den immer noch recht gebrochenen Deutschkenntnissen. Im Gegensatz zu ihnen war ich die totale Quereinsteigerin, aber ich genoss es, an meine Grenzen zu gehen und zu zeigen, dass ich es schaffen konnte. Und ich erkannte sehr schnell, dass es nicht nur ums Lernen, sondern auch darum ging, Eigenverantwortung zu übernehmen und sich in bestehende Strukturen einzufügen: feste Termine einzuhalten, gezielt für Klausuren zu lernen, Arbeitsgruppen zu bilden. Und: Es machte mir Spaß!

All das Wissen, das mir vermittelt wurde, sog ich auf wie ein Schwamm. Morgens ging ich weiterhin arbeiten – entweder bei meiner Mutter im Studio oder in einem Bekleidungsgeschäft und gelegentlich als Aushilfe bei einem Juwelier –, ab 17.30 Uhr besuchte ich das Abendgymnasium, vier Stunden lang, fünf Tage die Woche. Danach waren dann meist noch Hausaufgaben dran, sodass ich am Ende gegen Mitternacht meist völlig übermüdet ins Bett fiel.

Manche Fächer waren die Hölle für mich – Mathe zum Beispiel, vor allem Geometrie, damit kämpfte ich bis zum Schluss. Oder Physik und Chemie; beide Fächer hatte ich nun zum ersten Mal im Leben. Zuerst verstand ich gar nichts von dem, was der Lehrer da vorn erzählte, aber nach und nach begriff ich, wie viel Bedeutung sowohl Physik als auch Chemie, aber auch Mathematik in unserem Leben haben. Das machte es mir viel leichter, den Stoff zu verstehen.

Auch Französisch fiel mir nicht leicht. Immerhin war es nach Aserbaidschanisch, Persisch, Türkisch, Englisch und Deutsch nun schon die sechste Sprache, die ich lernen musste.

Offiziell hatte ich in der Schule ja nur Englisch als erste Fremdsprache gehabt, und für das Gymnasium war eine zweite Fremdsprache gefordert: entweder Latein oder eben Französisch.

Dann aber erfuhr ich, dass man, statt eine zweite Fremdsprache zu lernen, die Abiturprüfungen auch zusätzlich in einer zweiten, anderen Sprache ablegen kann. Sofort meldete ich mich dafür an, und zwar für Persisch, das ich ja perfekt sprechen und schreiben kann. Zur Prüfung kam dann ein Prüfer aus Karlsruhe und nahm das Fachabitur auf Persisch ab. Ich habe also zweimal Fachabitur gemacht: einmal auf Deutsch und einmal auf Persisch. Auch mein Fachabitur bestand ich, wie schon den Hauptschulabschluss, mit der Note 2,0.

Für die allgemeine Hochschulreife, das Abitur, hätte ich noch zwei weitere Jahre zur Abendschule gehen müssen. Aber obwohl mir die Herausforderung großen Spaß gemacht und der Erfolg mir recht gegeben hat, konnte und wollte ich nach insgesamt vier Jahren einfach nicht mehr die Schulbank drücken. Meine Kräfte waren aufgebraucht.

Was nun?

Vier Jahre lang hatte ich parallel gelernt und gearbeitet. In diesen vier Jahren hatte ich jeden Tag arbeiten müssen, oftmals für wenig Geld, um meine Schule und meinen Lebensunterhalt zu finanzieren. Die Freude daran war mir langsam vergangen, die Arbeit war nun eher Mittel zum Zweck geworden.

Meine Leidenschaft für das Nageldesign war ein wenig abgeflaut, denn meine Zukunft sah ich nicht mehr ausschließlich in diesem Bereich. Als ich mein Fachabitur in der Tasche hatte, wechselte ich den Job und arbeitete in einem Bekleidungsgeschäft, um auch mal in einen anderen Bereich des Einzelhandels hineinzuschnuppern. Meine Mutter betrieb *S&P-Style* noch knapp zwei Jahre weiter, dann verkaufte sie den Laden. Ohne mich an ihrer Seite war auch für sie der Schwung raus und sie arbeitete danach wieder wie zuvor als selbstständige Kosmetikerin und Friseurin.

Auch ich arbeitete nebenbei als Kosmetikerin und Nageldesignerin, besuchte meine Kundinnen zu Hause und machte mir damit einen ziemlich guten Namen. Dass ich in der Zwischenzeit den Führerschein gemacht und mir ein Auto gekauft hatte, kam mir dabei natürlich zugute. Im Nachhinein weiß ich selbst nicht genau, wie ich den Führerschein eigentlich noch zusätzlich zum Besuch des Abendgymnasiums und der Arbeit geschafft habe. Ich nutzte einfach jede freie Minute.

Wie aber sollte es jetzt für mich weitergehen? Mir standen alle Möglichkeiten offen, aber nur eine davon reizte mich wirklich. Erst mal brauchte ich eine Pause vom Lernen. Aber mir war definitiv klar, dass ich eines Tages studieren würde. Vielleicht Innenarchitektur, aber am liebsten das Fach, für das ich schon immer gebrannt hatte: Kunst.

Und deshalb …

Natürlich hätte ich damals, als Serap mich fragte, wieso ich eigentlich keinen Abschluss hätte, mit den Schultern zucken und das Ganze auf sich beruhen lassen können. Wozu einen Schulabschluss, wenn ich meinen Laden doch auch so schmeißen konnte?

Ja, klar, im Grunde kann jeder einen Laden aufmachen und führen, wenn er oder sie sich dieses Ziel gesetzt hat. Man kann auch gut durchs Leben kommen, ohne mehr als zehn Jahre die Schulbank zu drücken.

Aber eben nur halb so gut. Denn: Bei der Bildung geht es nicht nur um ein Zeugnis, einen Schein. Es geht darum, innerlich zu wachsen, sich selbst zu fordern, etwas aus sich zu machen, den eigenen Horizont zu erweitern, um wirklich mitreden zu können.

Als gebildeter Mensch stehst du viel besser im Leben. Gerade auch als Frau, auch wenn dir das manche Leute vielleicht gern ausreden wollen. Mit einer höheren Bildung hast du viel mehr Möglichkeiten, und gepaart mit Ehrgeiz, Talent und Fleiß ist sie eine unschlagbare Kombination.

Zeig dir und allen andern, was du kannst, und das auch schwarz auf weiß! Das macht nicht immer Spaß und ist auch oft anstrengend, aber glaub mir: Ein Zeugnis, also etwas, das du in der Hand hältst, stärkt dich und dein Selbstbewusstsein enorm. Deshalb rate ich dir:

Zeig, was du kannst!

Hier und heute

»Nächste Woche wird die türkische Journalistin dich anrufen. Am Mittwoch. Du solltest eine gute Stunde dafür einplanen.« Gloria räuspert sich und ich höre, wie sie umblättert und kurz stutzt. »Und dann besprechen wir am besten heute Abend den Plan für die nächste Reise. Wir sollten Zürich unbedingt mit aufnehmen, sie haben schon dreimal nachgefragt.«

»Klar, das machen wir«, sage ich und sehe auf die Uhr. »Gloria, leider muss ich jetzt wieder auflegen. Lass uns nachher sprechen, in Ordnung?«

»Selbstverständlich. Mach es gut, bis dann!« Gloria schickt mir ein Küsschen durchs Handy und legt auf. Ich stecke das Handy lächelnd wieder ein. Gloria, meine Managerin, ist wirklich Gold wert. Ich wüsste nicht, was ich ohne sie täte.

Draußen klingelt es und ich höre, wie Selen zur Tür geht. Ich werfe einen Blick auf den Bildband von Helmut Newton, in dem ich gerade geblättert habe, bevor Gloria anrief, dann schlage ich ihn zu und lege ihn wieder zurück auf das Beistelltischchen. Neben dem Band von Newton liegen weitere großformatige Foto- und Kunstbände. Peter Lindberghs Arbeiten sind darunter, die von Jean-Michel Basquiat, Frida Kahlo – ach, es gibt so grandiose Künstler*innen, und vor allem auch weibliche, starke, inspirierende Frauen. Ich habe alle Bücher selbst ausgesucht und eigenhändig besorgt, jedes Einzelne habe ich mir schon mehrfach angesehen, in einer ruhigen Minute, einer Verschnaufpause zwischen zwei Behandlungen, manchmal auch, nachdem alles erledigt war und ich ein wenig runterkommen wollte. Jedes einzelne Buch, jeder

Band ist mir vertraut, und in jedem einzelnen kann ich mich immer wieder aufs Neue verlieren.

Aber jetzt habe ich keine Zeit dafür, denn von draußen sind Stimmen zu hören. Noch einmal sehe ich zu den Büchern hinüber, dann stehe ich auf.

Kapitel 8

Künstlerseele: Das Studium

Wie ein Schwamm

Dass ich studieren würde, stand für mich zwar fest, aber nach vier Jahren, in denen ich neben der Arbeit gepaukt und gebüffelt hatte, brauchte ich nun erst einmal eine Pause davon. Eine Pause, in der ich genug Geld verdienen würde, um mich hinterher in Ruhe auf mein Studium vorzubereiten.

Ich fing bei einem neu eröffneten, sehr großen Kosmetikstudio mit einem ganz neuartigen Konzept an, und sehr rasch begriff ich, dass sich mir hier die einzigartige Chance bot, alles über die Organisation und Leitung eines so großen Studios mit über 30 Mitarbeitenden zu lernen.

Wann immer es ging, hängte ich mich an den Besitzer und sah ihm über die Schulter. Zwar war er um einiges älter als ich, aber auch er war in jungen Jahren nach Deutschland gekommen und wir hatten manches gemeinsam – vor allem das ausgeprägte Interesse daran, gut in unserem Job zu sein.

Natürlich blieb ihm mein großes Bedürfnis, mehr über die Geschäftsführung zu erfahren, nicht verborgen. Bald schon gab er mir Tipps und erklärte mir seine Strategien. Ich saugte die Informationen, wie schon vorher in der Abendschule, wie ein Schwamm auf. Daneben besuchte ich ein paar Schulungen für angehende Geschäftsleute: seriöses Auftreten, Begrüßen, Überzeugen, korrekte Wortwahl, Verhaltenstraining – für all das erhielt ich dabei den Feinschliff, den ich später noch gut gebrauchen würde.

Dass ich mich stets sehr sorgfältig kleidete und stylte, trug sicher zu meiner Beliebtheit bei. Bis heute gehört das zu meiner Philosophie: Du musst immer etwas geben, bevor du etwas bekommst – und wenn du eine bestimmte Ausstrahlung hast, kommen die Menschen umso lieber zu dir. Wenn du sie höflich und zuvorkommend behandelst, dann nur noch mehr.

Meistens überzeugte ich meine Kund*innen mühelos davon, dass es sich lohnen würde, sich nicht nur die Augenbrauen zupfen zu lassen – was damals fünf Euro kostete –, sondern eine Rundumbehandlung in Anspruch zu nehmen, für die sie das 20-Fache bezahlten. Damals war Microblading in Deutschland noch nicht bekannt, aber ich spezialisierte mich auf das Zupfen und Schminken von Augenbrauen und näherte mich dem noch unpopulären Microblading dadurch an. Das kam echt gut an – und für jede einzelne Kundin lohnte es sich! Ich war immer wieder aufs Neue mit Begeisterung bei der Sache und ich glaube, genau das merken die Menschen, mit denen du arbeitest, sofort.

Authentisch und überzeugend sein, alles geben, besser werden: Das war mein Anspruch an mich, schon damals, mit 23. Und das ist auch heute noch so.

Die Mappe

Nach einem Jahr allerdings erinnerte ich mich wieder daran, dass meine Arbeit in diesem Kosmetiksalon nur ein Zwischenstopp hatte sein sollen. Ich durfte mein Ziel nicht aus den Augen verlieren: eines Tages eine erfolgreiche Künstlerin zu werden. Also informierte ich mich darüber, wie ich mich für ein Kunststudium zu bewerben hatte.

Ich erfuhr, dass man für die Bewerbung eine Mappe mit 15 bis 20 Arbeiten vorzulegen hatte, die ein gutes Bild der eigenen künstlerischen Idee widerspiegeln sollten. Das bedeutete, dass ich meine Arbeit auf Teilzeit reduzieren musste, um genug Zeit für die Bilder zu haben – diese mussten schließlich das Beste sein, was ich bisher produziert hatte.

Ich hatte keine Ahnung, was von mir erwartet wurde, deshalb besuchte ich sogar einen Kurs an einer Kunstschule, in dem man auf die Mappe vorbereitet wird. Wieder einmal musste ich feststellen, dass ich im Gegensatz zu den anderen Kursteilnehmer*innen eine Quereinsteigerin war – fast alle hatten sich schon lange auf ein Kunststudium vorbereitet, viel Erfahrung mit künstlerischen Tätigkeiten und vor allem Zeit und Geld, um in Ruhe eine hochwertige Mappe fertigzustellen.

Mit Feuereifer machte ich mich an die Arbeit. Von morgens bis zum frühen Nachmittag jobbte ich im Kosmetiksalon, danach rannte ich nach Hause, tauschte meine gute Businesskleidung gegen einen farbbeklecksten Malerkittel und arbeitete meist bis tief in die Nacht an meinen Bildern.

Gerade noch rechtzeitig vor Bewerbungsschluss wurde ich mit meiner Mappe fertig – und tatsächlich von der Kunstakademie zum Gespräch eingeladen. Was genau dort besprochen werden würde, wusste ich nicht. Im Vorbereitungskurs hatte man uns erklärt, dass man uns zu der Entstehung einzelner Bilder und zu unserer künstlerischen Absicht und Botschaft befragen würde. Ob ich das hinreichend würde erklären können? Ich war mir nicht sicher …

Die Frau im Profil

Vollkommen nervös fuhr ich zum Gesprächstermin in die Kunstakademie. Als ich die schwere Holztür hinter mir schloss und mich im Foyer umsah, erfasste mich eine Mischung aus Bangen und Zuversicht. Ich betrachtete die hohen Fenster, durch die das sanfte Morgenlicht hineinfiel, und den abgetretenen Marmorfußboden, über den schon so viele angehende Künstler*innen geschritten waren, und auf einmal wusste ich, dass ich genau hierhergehörte. Ich wusste nur nicht, ob man mich auch einlassen würde.

Ein freundlicher Student mit langen Haaren und einem Ziegenbärtchen zeigte mir den Weg zu dem Raum, in dem ich erwartet wurde. Unsicher blieb ich vor der Tür stehen. Gerade, als ich klopfen wollte, wurde die Tür von innen geöffnet, und ein älterer, grauhaariger Herr mit strahlend blauen Augen und einem noch strahlenderen Lächeln stand vor mir.

»Ach, Frau Ghasab, da sind Sie ja! Schön, dass Sie da sind. Kommen Sie doch herein, kommen Sie! Mein Name ist …«

Ich hatte eine ganze Reihe von Expert*innen erwartet, die mich gleich durch die Mangel nehmen würden, aber dieser sympathische, freundliche Professor stand ganz allein vor einem riesigen Tisch, auf dem meine Mappe lag. Meine Mappe!

Ich trat von einem Bein aufs andere und konnte kaum zuhören, was der Professor erzählte, so aufgeregt war ich.

Plötzlich hielt er inne und trat zum Tisch hinüber. »So«, sagte er und klappte meine Mappe auf. »Dann wollen wir mal …« Vorsichtig nahm er ein Bild nach dem anderen heraus und legte alle nebeneinander auf den großen Tisch. Dann lief er langsam einmal um den Tisch herum und betrachtete schweigend meine Bilder.

Mein Herz klopfte mir bis zum Hals. Von da, wo ich stand, konnte ich meine eigenen Bilder nur undeutlich erkennen. Nur das erste, das ganz am Rand des Tisches lag, konnte ich gut sehen. Es war ein in Schwarz- und Grautönen gehaltenes Gemälde, das eine rauchende Frau im Profil zeigte. Nur die Glut am Ende der Zigarette hatte ich rot gemalt. Jetzt starrte ich wie hypnotisiert auf diesen roten Punkt. Meine Kehle war wie zugeschnürt. Gleich würde er mich sicher etwas fragen. Und ich würde nicht antworten können. Mein Kopf war vollkommen leer.

Plötzlich hörte ich ein zischendes Geräusch und dann roch ich Zigarettenrauch. Ungläubig sah ich hoch. Der Professor hatte sich in aller Seelenruhe eine Zigarette angezündet und blies entspannt den Rauch aus, während er weiterhin meine Bilder betrachtete.

Auf einmal musste ich fast lachen. Wie krass war das denn? Ein Professor, der sich einfach in der Schule eine Zigarette anzündete, ohne sich um Regeln oder Gepflogenheiten zu scheren? Was für ein cooler Typ!

Wieder überkam mich dieses Gefühl, das ich schon im Foyer verspürt hatte: Genau an diesen Ort gehörte ich.

Und zugleich verflog auch meine Nervosität. Der Professor beugte sich über eins meiner Bilder und stieß erneut den Rauch aus. »Warum haben Sie so viele Farben genommen, warum genau diese hier?«, fragte er und sah mich interessiert an.

Ich trat näher. »Weil ich genau diese Farben gefühlt habe«, sagte ich. »Als ich es gemalt habe, sind sie in meinem Kopf und in meinem Bauch hochgestiegen. Ich musste gar nicht nachdenken, ich konnte einfach den Pinsel nehmen und die richtigen Farben aufnehmen.«

Er betrachtete mich und lächelte, während er vor sich hin nickte. »Und bei diesem hier? Was haben Sie da gefühlt?«

Ich beugte mich gemeinsam mit ihm über das nächste Bild und erklärte, was beim Malen in mir vorgegangen war. Er hörte interessiert zu und stellte noch ein paar weitere Fragen, und auf einmal war es, als würden wir uns schon seit Stunden unterhalten. Ich begann, mich richtig wohlzufühlen.

Dann kamen wir zu dem Bild mit der rauchenden Frau. Er hob die Brauen und nickte mehrfach. »Das hier«, sagte er nachdenklich, »das hier ist wirklich sehr, sehr interessant.« Er tippte auf seine Zigarette und die Asche fiel auf den Boden, ohne dass er es zu bemerken schien. »Sehr ausdrucksvoll, diese Schattenspiele.«

Ich schwieg und spürte, dass er mich von der Seite ansah, bevor er wieder das Bild betrachtete. Dann sah er mich erneut an. »Das finde ich toll. Sieht sehr gut aus. Also, man kann und muss noch viel daran arbeiten, aber aus Ihren Arbeiten kann man auf jeden Fall etwas machen. Sie sind angenommen.«

Ich war sprachlos. Einen Moment lang war meine Kehle erneut wie zugeschnürt, dann fiel ich ihm vor Freude fast um den Hals. »Danke!«, sagte ich. »Danke!«

Er lächelte. Gemeinsam legten wir meine Bilder in die Mappe zurück, dann reichte ich ihm die Hand.

»Gratuliere«, sagte er. »Alles Weitere kommt dann per Mail. Ich freue mich auf unser Wiedersehen!«

Draußen vor der Tür sprang ich juchzend in die Luft, dann rannte ich zum Auto, um meine Mutter anzurufen und danach alle Menschen, die mir etwas bedeuteten.

Ich hatte es geschafft! Ich hatte das Unmögliche geschafft, das, was mir kaum jemand zugetraut hatte. Mit der Aufnahme in die Akademie, so fühlte es sich für mich an, öffnete sich für mich die Tür zu einer besseren Welt. Ich würde Kunst studieren!

An der Akademie

Eine völlig neue Phase in meinem Leben begann. Mit Feuereifer stürzte ich mich in das Studium. Mit meinen Mitstudent*innen, den Kommiliton*innen, verstand ich mich gut, aber meistens arbeiteten wir ohnehin jede*r für sich.

Wir bekamen die verschiedensten Aufgaben, arbeiteten mit Speckstein, Leder und Ton, mit den unterschiedlichsten Schriftarten und mit Fotografie. Und natürlich standen auch Zeichnen und das Malen mit Ölfarbe und anderen Arten von Farben auf dem Programm, dazu Kunsttheorie und Kunstgeschichte.

Nach und nach entwickelten wir einen tiefergehenden Sinn für Ästhetik, Perspektive und Symmetrie. Und natürlich interpretierten und analysierten wir auch die Werke anderer Künstler*innen. Warum hatte er den Himmel nicht blau, sondern rot gemalt? Was wollte die Künstlerin mit ihrer Farbpalette zeigen?

Mich interessierte ganz besonders das Rätselhafte und Mysteriöse an der Kunst, das, was nicht auf den ersten Blick sichtbar wird. Schon immer hatte ich in Kunstausstellungen und Museen nicht vor den spektakulären, viel besuchten Werken gestanden, sondern vor den unscheinbaren, für die sich keine Erklärung fand. Mich interessierte weniger das Bild selbst als vielmehr das, was der Künstler oder die Künstlerin damit ausdrücken wollte, die Gedanken und Gefühle hinter dem Bild.

Im Laufe des Studiums änderte sich meine Sichtweise auf die künstlerische Arbeit fast grundlegend. Zu Anfang hatte ich besonders realistische Malerei gemocht und mich selbst auch darin versucht. Aber nach und nach merkte ich, dass es mich nicht mehr interessierte, etwas zu malen, das es schon gab. Ich begann, mich vermehrt mit abstrakter Malerei auseinanderzusetzen, das Asymmetrische, Unperfekte zu schätzen.

Das schlug sich auch auf meine eigene künstlerische Arbeit nieder. Meine Kunst wurde immer besser, wurde zu meiner eigenen Sprache, zur Stimme meiner – manchmal auch geheimen und verborgenen – Gedanken. Ich entdeckte eine Sofia in mir, die ich bisher nicht gekannt hatte.

Und noch heute denke ich manchmal, dass diese Sofia die schönste war, die ich je kennengelernt habe.

Die ungezwungene und sehr kreative Arbeitsweise an der Akademie trug natürlich dazu bei. Kunst muss fließen können und Kunst kennt keine Uhrzeit. Deshalb hatten wir alle einen Zutrittscode, der uns erlaubte, zu jeder Tages- und Nachtzeit in die Akademie zu kommen und in einem der vielen großen Ateliers zu arbeiten.

Einige meiner Kommiliton*innen hielten sich fast rund um die Uhr dort auf, schliefen und lebten dort. Manche tranken und rauchten, malten besoffen ihre Bilder, zerrissen sich an der Grenze zum Wahnsinn die Klamotten und tigerten lachend durch die Räume. Wir bildeten eine eingeschworene Gemeinschaft: junge, kreative Menschen, die sich ganz dem künstlerischen Arbeiten hingaben.

Ich genoss sie total, diese nicht-perfekte Welt, in der ich gelandet war. Die Energien und Ideen flossen nur so aus uns heraus; wir tauschten uns aus, setzten uns mit unseren Persönlichkeiten und unserer Kunst auseinander. Zwar wohnte ich weiterhin mit meiner Mutter zusammen, aber ich war fast nur noch zu Hause, um mich umzuziehen, etwas zu essen und ein wenig zu schlafen, bevor ich in die Kunstakademie zurückkehrte und weiter zu malen begann. Ich gehörte dazu, war endlich angekommen, dies war meine Welt. Eine Welt, die mich mit Riesenschritten voranbrachte. Eine Welt, in der ich glücklich war, und mit Herz und Seele dabei.

Innen und außen

Dass ich mich veränderte und weiterentwickelte, zeigte sich auch äußerlich: Eines Tages schnitt ich mir die

Haare ab, raspelkurz. Zu dieser Zeit hatte ich gerade eine schmerzhafte Trennung hinter mir und es fühlte sich gut an, die Last, die ich sinnbildlich und wörtlich auf meinem Kopf getragen hatte, loszuwerden, mich von ihr zu trennen, neu anzufangen.

Mit meinem neuen Aussehen zeigte ich auch meine Trauer: Ich trug jetzt nur noch schwarze Klamotten und ließ mir ein Septum stechen, ein Piercing durch die Nasenscheidewand, damals total ungewöhnlich und ein völliger Hingucker.

Das kam erstaunlicherweise total gut an, vielleicht weil ich trotz der kurzen Haare immer noch extrem weiblich wirkte, genau wie die mysteriöse, melancholische Sofia, als die ich mich selbst empfand. Vor mir sah ich den Traum, auf den ich zusteuerte: mein Studium beenden, vielleicht auch Meisterschülerin werden, eine Ausstellung machen, am besten in der Staatsgalerie. Eines Tages, das hoffte ich, würde ich eine erfolgreiche Künstlerin sein.

Nebenbei allerdings musste ich immer noch im Kosmetikstudio arbeiten, als Aushilfe und auf Teilzeit. Alles, was ich mir erarbeitet und gespart hatte, hatte ich für mein Studium ausgegeben. Immerhin kostete mich jedes Semester knapp 600 Euro Gebühren, dazu kamen noch Materialien, die ebenfalls eine beträchtliche Summe verschlangen.

Mit meinem neuen Outfit und meiner neuen Ausstrahlung zog ich noch mehr Kund*innen an als zuvor; ich erzielte einen noch nie dagewesenen Umsatz. Das lag sicherlich mit daran, dass ich mich während meines Studiums auch mit Symmetrie, Farbenlehre und dergleichen beschäftigte, diese neuen Kenntnisse unbewusst in meine Arbeit im Kosmetikstudio einflossen und ich dort dadurch immer interessantere und noch bessere Ergebnisse erzielte. Die Kund*innen waren hochzufrieden, der Umsatz stieg und allen fiel auf, dass ich noch besser als je zuvor arbeitete.

Für mich wurde das Wechseln zwischen zwei Welten – der Künstlerschiene und der Geschäftswelt – nach und nach immer schwieriger. Ich begann, mich zunehmend zerrissener zu fühlen.

Und irgendwann war der Spagat einfach zu groß. Ich spürte, dass ich mich entscheiden musste, entscheiden zwischen Herz und Verstand.

Meiner Mutter entging das nicht. Sie sprach mich schließlich direkt darauf an: »Fang doch an, etwas aufzubauen! Du hast jetzt die Chance, dich wirklich weiterzuentwickeln, deine künstlerischen Fähigkeiten auch gezielt auf der Arbeit umzusetzen. Nutze das!«

Schließlich entschied ich mich genau dafür. Ich hörte auf, in die Akademie zu gehen. Nach drei Semestern brach ich mein Studium ab.

Und deshalb …

Der Bruch war hart. Es tat unglaublich weh. Schon als Mädchen hatte ich gewusst, dass ich eines Tages künstlerisch arbeiten wollte. Und jetzt musste ich meinen Traum, nur noch Künstlerin zu sein, aufgeben. Aber ich konnte einen Teil davon mitnehmen. Zwar würde ich keine Vollzeitkünstlerin sein, aber immer noch all meine künstlerischen Fähigkeiten nutzen können. Als Vollzeitgeschäftsfrau.

Zeitlebens war ich sehr hart mit mir gewesen, hatte pausenlos gearbeitet und Geld verdient, um in meine Bildung zu investieren. Aber das künstlerische Arbeiten hatte mich frei gemacht. Ich konnte mich entwickeln, endlich ich sein. Das Kreativsein hatte mir unglaublich gutgetan.

Jetzt aber musste ich loslassen, es hinter mir lassen, damit es weiterging. Leicht fiel mir das nicht, aber es musste sein.

Die Künstlerin in mir aber will auch heute noch immer wieder raus und zeigen, was sie kann. Auch du hast bestimmt eine solche Kreativität in dir. Lass sie frei, wenigstens ab und zu. Deshalb:

Sei kreativ!

Hier und heute

Der Bürgersteig ist dicht bevölkert, obwohl die Sonne nicht mehr ganz so hell scheint und bereits ein leichter Duft von Herbst in der Luft liegt. Ich ziehe meinen Schal enger um den Hals und halte Ausschau nach Gloria.

Sie sitzt natürlich wie immer ganz hinten, auf einer der letzten Bänke, die noch im Sonnenlicht liegen. Als ich vor ihr stehe, blickt sie von ihrem Handy auf und lächelt mich an. »Sofia!« Dann springt sie auf, umarmt mich und haucht zwei Küsschen neben meiner Wange in die Luft. »Wie schön, dich wiederzusehen! Ich bekomme dich ja kaum noch zu Gesicht, so *busy*, wie du bist …«

»Das kann ich aber genauso zurückgeben!«, sage ich und lasse mich neben ihr nieder. Vor unserer Bank läuft ein juchzendes Kleinkind einem Ball hinterher, den Gloria gerade noch mit einem Fuß stoppen kann. Das Kind, ein pausbäckiges kleines Mädchen von höchstens drei Jahren, hebt den Ball auf, drückt ihn fest an sich und starrt erst Gloria, dann mich mit großen Augen an, bevor es wieder zu seinem Vater zurückläuft. Auch er wirft uns noch einen eingehenden Blick zu, bevor er mit der Kleinen an der Hand davongeht.

Ich bin solche Blicke gewohnt, und Gloria ebenso. Sie sieht heute aber auch wieder ganz besonders bezaubernd aus, finde ich, mit ihren leicht geröteten Wangen und den strahlenden Augen. »Also, was steht an?«, frage ich.

Gloria lacht. »Ganz die Sofia, die ich kenne! Direkt zur Sache. Aber, Darling, wir haben auch jede Menge zu tun. Pass auf …«

Während Gloria damit loslegt, mir ihre Pläne mitzuteilen, krame ich mein Handy heraus, damit ich die Termine noch einmal abgleichen kann. Gloria hat alles im Blick, vergisst nie etwas, kümmert sich um Social Media und Öffentlichkeitsarbeit und kann meine Termine vermutlich im Schlaf herunterbeten. Dabei ist sie nur im Nebenberuf meine Managerin, hauptberuflich arbeitet sie als Referentin im Öffentlichen Dienst. Damit wäre jede andere Person mehr als voll ausgelastet, aber Gloria hat Energie für drei. Darin sind wir uns ähnlich; auch ich arbeite immer mit voller Kraft.

Es ist ein Glücksfall, dass sie für mich arbeitet. Dabei hätte ich sie fast abgelehnt. Damals, vor zwei Jahren, postete ich auf Instagram eine eher halbherzige Suchanzeige für eine Social-Media-Assistentin. Es bewarben sich gleich Dutzende, alle total lässig, nur eine Einzige schickte eine superprofessionelle Bewerbung. Erst dachte ich, das würde nicht zu mir passen – aber dann meldete sie sich unaufgefordert noch mal und erwähnte unter anderem, dass sie halb Slowenin, halb Iranerin sei. Das nahm ich als Zeichen.

Und das war genau richtig so.

Genau wie meine Geschäftspartnerin für Produkte, Rosan, die auch meine Schulungen organisiert und ohne die ich mein Beauty-Imperium niemals hätte aufbauen können, ist Gloria ein wichtiger Teil meines Erfolges.

Jetzt grinst sie mich an und wischt sich eine dunkle Strähne aus der Stirn. »Was starrst du mich eigentlich so an?«

Ich muss ebenfalls lächeln. »Ich muss daran denken, dass ich dich schon zwei Jahre an meiner Seite habe«, sage ich. »Und dass ich echt dankbar dafür bin.«

Gloria nickt, und ein verschmitzter Ausdruck macht sich in ihren scharf geschnittenen Zügen breit. »Kannst du auch sein«, sagt sie trocken. »Aber jetzt darfst du gern aufhören, davon zu schwärmen, und dich lieber um die Terminplanung kümmern. Also, was sagst du zum nächsten Interviewtermin?«

Kapitel 9

Mein eigenes Ding: *Faces*

Zurück in den Job

Mit leeren Händen stand ich nun da. Alles Ersparte hatte ich für mein Studium ausgegeben. Und genau jetzt bekam ich einen Anruf des Besitzers des Kosmetikstudios, in dem ich vor und während meines Studiums so lange gearbeitet hatte.

»Sofia?«, fragte er. »Ich möchte dir ein Angebot machen. Das kannst du nicht ausschlagen!«

Ich nahm das Handy in die andere Hand und schüttelte den Kopf. »Ach nein?«

»Nein. Pass auf: Ich möchte dich als Geschäftsführerin einstellen. Wenn du dich bewährst und alles gut läuft, dann kannst du den Laden nach einem Jahr übernehmen. Was hältst du davon?«

Ich hielt kurz die Luft an. »Und was willst du mir bezahlen?«, fragte ich knallhart. »Es muss sich schließlich auch lohnen, so viel Verantwortung zu tragen.«

Er lachte leise, dann nannte er eine Summe, die mir für einen Moment den Atem verschlug. Erneut holte ich Luft.

»Ich denke drüber nach und melde mich wieder«, sagte ich, und dann legte ich auf.

Ich schwankte nur kurz, dann rief ich ihn zurück und sagte zu. Das Angebot war einfach zu gut. Klar, das gute Gehalt war eine Sache, aber was mich zudem ungemein reizte, war die Herausforderung, die diese Führungsposition darstellte. Ein gut laufender Laden mitten in der City mit vielen Mitarbeiterinnen, mit der Aussicht, ihn später komplett zu übernehmen – wie gut war das denn?

Bereits eine Woche später stieg ich ein und war von Anfang an erfolgreich. Ich füllte meinen neuen Job als Geschäftsführerin bestens aus, steigerte die Umsätze, sorgte dafür, dass die Angestellten alle auf hohem Niveau arbeiteten. Das hervorragende handwerkliche Niveau sprach sich herum, die Kund*innen rissen sich um Termine.

Aber so richtig glücklich war ich nicht in meiner neuen Wirkungsstätte. Die Atmosphäre sagte mir nicht uneingeschränkt zu; unter den Mitarbeiterinnen herrschten extremer Konkurrenzkampf und Neid. Einige begannen, sich mit mir zu vergleichen: Warum nahm ich eine so hohe Position ein, obwohl ich doch viel jünger als sie selbst war? Unter der Oberfläche schwelte und brodelte ein Zickenkrieg, und das gefiel mir ganz und gar nicht.

Ein alter Bekannter, mit dem ich früher zusammen im Heim in Degerloch gewohnt hatte und der jetzt als Geschäftsmann ziemlich gut dastand, traf schließlich bei einer unserer Begegnungen den Nagel auf den Kopf.

»Sofia, sag mal, du bist doch total erfolgreich«, sagte er. »Warum machst du dich nicht selbstständig?«

Ich lachte und trank meinen Latte macchiato aus. »Weil mir das Kapital fehlt. Aber nichts würde ich lieber machen als mein eigenes Ding!«

»Tja, ich wiederum kenne mich im Kosmetikbereich null aus, aber ich habe Kapital«, sagte er und beugte sich vor. »Pass auf, warum tun wir uns nicht zusammen? Ich habe ein Ladengeschäft, richtig groß und genau passend. In allerbester Lage. Es steht gerade leer. Wir müssten es komplett neu einrichten und alles neu aufziehen, aber das würde ich übernehmen. Es gibt nur einen Haken.« Er lächelte verschwörerisch, und jetzt beugte ich mich vor.

»Welchen?«, fragte ich neugierig.

Er lachte. »Der Laden liegt genau gegenüber von dem, in dem du gerade arbeitest.«

Die Entdeckung

Noch an diesem Abend zeigte er mir das Ladengeschäft. Schon als ich es betrat, wusste ich, dass das Studio boomen würde: die Lage, die Größe – einfach perfekt.

Zwei Tage später trafen wir uns mit meiner Mutter und entwarfen einen Schlachtplan. Beide würden Geld investieren, mein Geschäftspartner würde stiller Teilhaber werden und ich hätte freie Hand in der Gestaltung des Ladens und der Organisation.

Am nächsten Tag kündigte ich, packte meine Sachen und ging. Der Besitzer war schockiert, aber ich konnte es nicht ändern. Meine Zukunftspläne waren mir wichtiger.

Aber noch konnte ich sie nicht umsetzen, erst einmal musste der Laden aufwendig renoviert und eingerichtet werden. Ein halbes Jahr würde das sicherlich dauern. Ein halbes Jahr, in dem ich unmöglich nur zu Hause sitzen und abwarten konnte. Die ersten ein, zwei Monate genoss ich noch. Aber mit jedem weiteren Tag, der untätig verging, fürchtete ich mehr, dass mein tadelloser Ruf in Vergessenheit geriet und meine mühsam gepflegten Kundenkontakte verloren gingen.

Natürlich hatte ich meinen Kund*innen bei meiner Kündigung nicht gesagt, wo ich hingehen würde, das verbot mir mein Anstand. Ich hatte einen sauberen Strich gezogen. Aber wenn ich zu lange aus dem Geschäft sein würde, musste ich mir meinen Kundenstamm erst wieder ganz neu aufbauen. Das würde den Neustart nicht gerade einfacher machen.

Genau in diesen Wochen entdeckte ich Instagram. Das heißt, ich hatte Instagram schon zuvor genutzt, aber nur als Privatperson, die Fotos von sich und ihrem Leben gepostet hatte.

Jetzt aber fiel mir auf, dass Instagram auch hervorragend professionell genutzt werden kann. Mit einem Klick konnte man sich mit allen und jedem verbinden. Die ganze Welt zeigte sich, und damit eröffnete sich mir wiederum eine Welt, die ich bis dahin gar nicht wahrgenommen hatte. Es gab aufregende Modefotos, tolle Natur- und Landschaftsbilder, Aufnahmen von Menschen und Tieren. Das inspirierte mich sehr.

Besonders aber interessierten mich die Vorher-nachher-Fotos. Je mehr ich mich damit befasste, desto mehr fiel mir auf, dass es zahllose Fotos von geschminkten Gesichtern und designten Nägeln gab. Aber niemand, nicht eine einzige Person hatte sich bis dahin mit Augenbrauen befasst.

Als mir das klar wurde, ging mir noch etwas auf: Ich würde die Erste sein. Ich würde es einfach mal versuchen. Vielleicht, so war mein schlichter Gedanke, vielleicht sehen das ja meine früheren Kund*innen und bekommen Lust, sich wieder von mir behandeln zu lassen.

Der Boom

Ich postete ein Vorher-nachher-Bild, und dann ein zweites. Ich lud es einfach nur hoch, teilte noch nicht mal meine Handynummer. Aber allein diese Bilder lösten einen Boom aus.

Zahllose Leute kommentierten darunter: »Wir wollen das auch, wo bist du? Wie kommt man zu dir? Wie kann man einen Termin vereinbaren?«

Hocherfreut vergab ich ein paar Termine für die nächsten Tage und notierte sie mir rasch auf einem Blatt Papier, das ich herumliegen hatte.

Alle Kundinnen kamen natürlich zu mir nach Hause und ich dachte, das wäre nach ein paar Tagen sicher auch wieder vorbei. Aber so war es nicht.

Es kamen immer mehr Terminanfragen rein und ich besorgte mir ein zweites Handy mit einer separaten Telefonnummer, damit ich die Anmeldungen ordentlich organisieren konnte. Den Terminkalender auf dem Papier ersetzte ich durch mein iPad, denn ich musste zusehends mehr Termine umdisponieren. Das ging einfach nicht mehr mit Stift und Papier.

Bald klingelte mein Handy ununterbrochen und meine Mutter und ich funktionierten unser Wohnzimmer zu meinem Arbeitszimmer um. Das klappte einigermaßen, aber ich merkte natürlich rasch, dass ich keine Anrufe mehr entgegennehmen konnte, wenn ich arbeitete. Zurückzurufen ging auch nicht, da ich meist bis 22 Uhr beschäftigt war. Ich brauchte also jemanden, der die Telefonate entgegennahm und die Termine vergab. Auf meinen Post auf Instagram meldeten sich zig interessierte junge Frauen, von denen ich eine aussuchte, die fortan für die Terminorganisation zuständig war.

Jeden Tag, wenn ich aufwachte und auf meinen Account sah, hatte ich mehr Follower, mehr Likes, mehr Kommentare. Es war unfassbar, es verselbstständigte sich total.

Ich arbeitete inzwischen täglich, auch sonntags, und meine Kundschaft kam lange nicht mehr nur aus Stuttgart und der Umgebung, sondern auch aus Holland, der Schweiz und Österreich, sogar aus Italien reisten einige an. Manche sprachen nicht einmal Deutsch und ich unterhielt mich mit ihnen auf Englisch.

Es war ein total krasses Erlebnis. Noch nie hatte ich einen derartigen Erfolg gehabt, noch nie so ein Gefühl verspürt. Und all das war mir gelungen, weil ich meinem Bauchgefühl gefolgt war, weil ich einfach Bilder gepostet hatte, die ich selbst gut fand. Wahnsinn!

In diesen drei Monaten, in denen mein zukünftiger Laden noch renoviert wurde und zugleich meine Likes und Follower-Zahlen durch die Decke schossen, sammelte ich Buchungen für ein Jahr im Voraus. Jeden Tag im kommenden Jahr waren bereits Termine für acht bis neun Kunden vergeben.

Schließlich kam der Tag, an dem der Laden eröffnet werden sollte. Am Abend davor saß ich mit meiner Mutter im wieder umgeräumten Wohnzimmer und warf noch einen letzten Blick auf mein iPad, bevor ich es ausschaltete und meine Mutter ansah. »Wenn ich morgen den Laden aufmache, Maman, dann wird alles durch die Decke gehen«, sagte ich.

Meine Mutter hob eine Braue und nickte. Und dann lächelten wir uns an.

Chefin mit 27

Und genauso war es auch: *Faces*, so hieß der Laden, explodierte förmlich vom ersten Tag an. Und wir haben den Laden gerockt. Die Leute standen Schlange, vorrangig jüngere Frauen, die durch ihre begeisterten Erzählungen dafür sorgten, dass auch ältere Frauen zu uns kamen. Oft kamen Mütter, deren Töchter sie dazu angeregt hatten: »Mama, da musst du unbedingt hingehen!«

Der Laden selbst war ein Erlebnis; wir hatten aber auch unglaublich viel investiert. Alle Möbel waren handgemacht, die Inneneinrichtung auserlesen: im Barockstil, orientalisch angehaucht, mit riesigen Kronleuchtern, die vom oberen Stockwerk bis ins Erdgeschoss hingen.

Wenn ich durch das zweistöckige Geschäft ging und die vielen Kund*innen sah, ging mir das Herz auf. Es war ein ganz anderes Gefühl als das, was ich damals bei *S&P-Style* gehabt hatte, dem ersten Laden, den ich mit meiner Mutter geführt hatte. Damals war alles komplett neu für mich gewesen, ich hatte große Versagensängste verspürt, anders als jetzt, wo ich um so viele Erfahrungen, um so viel Selbstbewusstsein reicher war.

In den ersten Wochen stellte ich fast täglich neue Mitarbeiterinnen ein. Am Ende waren es 17, vorrangig jüngere Frauen, alle bestens ausgebildet. Mit meinen 27 Jahren trug ich eine große Verantwortung. Das war nicht immer leicht, aber eine Herausforderung, die ich gern annahm: »Man wächst mit seinen Aufgaben« – dieses Sprichwort hat für mich bis heute eine wichtige Bedeutung.

Meine Mitarbeiterinnen zu führen, bedeutete für mich, stets eine klare Haltung zu zeigen. Einmal pro Woche lud ich die Belegschaft zur Teambesprechung, in der Verbesserungsvorschläge untersucht und eventuelle Probleme besprochen wurden. Ich gab stets den Ton an, führte keinen unnötigen Small Talk, war stets höflich und freundlich, aber distanziert.

Die Strenge, die ich an den Tag legte, gefiel nicht allen, aber ich empfand sie als notwendig. Ich erlaubte mir keine Schwäche, und das galt auch für meine Crew. Wenn jemand einen Fehler machte, durfte er nicht auf Milde hoffen. Ich hatte kein Problem damit, sofort eine Kündigung auszusprechen, wenn ich sie für angebracht hielt. Das kam nicht immer gut an – aber dass mir bald der Ruf einer knallharten Geschäftsfrau vorauseilte, störte mich nicht.

Oft sind Männer erfolgreicher, weil sie weniger emotional, sondern rational handeln und entscheiden. Frauen hingegen hören gern auf ihre Gefühle, was aber dazu führen kann, dass sie falsche Entscheidungen treffen. Das ist nicht mein Ding. Ich behalte lieber einen kühlen Kopf, auch wenn mich das Sympathien kosten kann. Und ich glaube, genau deshalb ist *Faces* auf Anhieb so erfolgreich geworden.

Eine uralte Methode

Der Laden lief super. Wir boten eine ganze Palette von Behandlungen an: Gesichtsbehandlungen, Schminken, Maniküre, Nail-Art, Laserbehandlungen und vieles mehr. Besonders bekannt aber waren unsere Spezialgebiete: zunächst noch Permanent-Make-up, dann vor allem Microblading.

Microblading war damals noch vollkommen unbekannt in Europa, obwohl es sich um eine sehr alte japanische Methode handelt, die in Asien schon seit Ewigkeiten verbreitet ist. In Deutschland war ich aber die Erste, die sich damit befasste und eine perfektionierte Variante davon entwickelte und anbot.

Entdeckt hatte ich Microblading durch Zufall bei meinen ausgedehnten Streifzügen durch Instagram und die anderen Social-Media-Kanäle. Im Gegensatz zu Permanent-Make-up sah diese traditionelle Methode unfassbar natürlich aus, und das weckte mein Interesse. Nachdem ich mich intensiver damit beschäftigt hatte, wusste ich, dass genau das hier das Richtige für mich war, und fortan bot ich kein Permanent-Make-up mehr an, sondern ausschließlich Microblading – natürlich in einer speziell von mir entwickelten und auf meine Kundschaft zugeschnittenen Variante.

Auch heute noch arbeite ich nach meiner eigenen Methode: Zunächst kläre ich die Kundin ausführlich darüber auf, was sie zu erwarten hat und wie ich vorgehen werde. Danach zupfe ich die Augenbrauen etwas zurecht, schaue mir die Form genau an, vermesse sie und mache eine Vorzeichnung. Dann behandle ich die Augenbrauen manuell mit meinem Handwerkszeug, dem Blader. Mit den feinen Nädelchen ritze ich dann die Haut zwischen den Haaren ganz leicht auf, mache minimale Schnitte und gebe dauerhafte Pigmente hinein, die am Ende die Natürlichkeit der Brauen betonen. So bekommen sie eine optimale, symmetrische Form, die dem Gesicht eine ganz besondere Anmut verleiht.

Vom ersten Tag an, an dem ich Microblading anbot, waren die Kund*innen davon hellauf begeistert. Die Termine, die ich im Voraus zu vergeben hatte, reichten längst nicht mehr aus.

Ich arbeitete jeden Tag durch, hatte kaum Zeit zum Essen zwischendurch und auch zum Schlafen kam ich nur noch selten. Ich holte das letzte bisschen Energie aus mir heraus, um meiner Verantwortung für den Laden, für die Belegschaft, aber auch für die Kund*innen gerecht zu werden. Auf der einen Seite hatte ich die Organisation, das Geschäftliche zu stemmen, auf der anderen Seite musste ich mich um die Zufriedenheit der Mitarbeiterinnen und der Kundschaft bemühen. Das machte Spaß, aber es kostete mich ungeheuer viel Kraft.

Zwei Jahre lang ging das so. Und dann, auf einmal, wurde ich krank.

Ausgepumpt

Eines Tages, kurz nach dem Aufstehen, sah ich wie beiläufig in den Spiegel, während ich mich für die Arbeit fertig machte. Plötzlich hielt ich inne.

Die junge Frau, die mich da aus dem Spiegel ansah, sah müde, dünn und nicht ganz gesund aus. Ich starrte mich einen Moment lang an, dann stieg ich auf die Waage, die seit Wochen unbeachtet in der Ecke gestanden hatte.

45 Kilo. Kein Wunder. Ich hatte seit Wochen nicht mehr richtig gegessen, geschweige denn mich gesund ernährt. Seit Wochen litt ich unter Herzrasen und Gleichgewichtsstörungen, hatte kaum noch geschlafen, weil mich das Gedankenkarussell in meinem Kopf andauernd wach hielt. Im zurückliegenden Jahr hatte ich andauernd unter Erkältungen und anderen Erkrankungen gelitten, mehrfach hohes Fieber bekommen, bestimmt 30-mal Antibiotika genommen, auf das mein Körper am Ende nicht mehr reagiert hatte.

Ich stieg von der Waage herunter und setzte mich auf den Rand der Badewanne. So konnte es nicht mehr weitergehen. Ich fühlte mich wie in einem Loch, einem dunklen Loch, aus dem ich nicht mehr herauskam.

Statt zur Arbeit schleppte ich mich in die Küche und dachte nach.

Die Verantwortung lastete wie ein Felsbrocken auf meinen Schultern, ich konnte sie nicht mehr tragen. Wenn ich jetzt nicht das Ruder herumriss, würde ich in Depressionen versinken. Denn das hier, was mir gerade widerfuhr, das war ein Burn-out.

Ich war einfach völlig ausgebrannt, total ausgepowert. Sicher kennst du auch das Gefühl, wenn dir alles über den Kopf zu wachsen droht – genauso ging es mir jetzt. Mein Leben war komplett aus der Balance geraten, der ständige Stress, die dauernde Überforderung und der Anspruch, immer erreichbar und in Action zu sein, hatten dazu geführt, dass ich nur noch müde, gereizt und erschöpft war. Dazu kamen all die anderen klassischen Symptome für einen Burn-out: Stimmungsschwankungen, zunehmende Ungeduld, innere Unruhe und Nervosität, Herz-Kreislauf-Beschwerden, Kopfschmerzen, Magen-Darm-Erkrankungen und Schlafstörungen.

Nein, so konnte es nicht weitergehen. Und zum ersten Mal in meinem gesamten Leben beschloss ich, Urlaub zu nehmen.

Und deshalb …

Vielleicht schüttelst du jetzt den Kopf und findest es merkwürdig, dass ich nicht einfach zum Arzt gegangen bin. Aber ich konnte das damals nicht. Das Einzige, was ich mir gestattete, war, mir eine Auszeit zu nehmen.

Es war die richtige Entscheidung. Endlich hatte ich Zeit nachzudenken, vier Wochen lang. In diesen vier Wochen wurde mir klar, dass ich nicht mehr glücklich war und dass ich nicht einfach so weitermachen konnte wie zuvor. Und ich kam mir vor wie ein Goldfisch in einem Glas. Ich war ein Fisch, der nicht mehr im Kreis herumschwimmen wollte, sondern im weiten Meer.

Aber um ins Meer zu gelangen, musste ich erst mal aus dem Glas herausspringen. Auch das würde Kraft kosten. Aber es würde sich lohnen – denn es lohnt sich immer, etwas zu wagen. Deshalb:

Trau dich!

Hier und heute

Hinter mir höre ich Stimmen, ein leises Gemurmel, dazwischen Rosan: »Hier bitte, nehmt Platz. Es geht gleich los!«

Vor mir breitet sich die Elbe aus, Schaumkronen glitzern auf dem Wasser, weiter unten kann ich zwei Schwäne erkennen, die fast regungslos am Ufer entlanggleiten. Ein Dampfer tuckert vorbei. Der Ausblick ist einfach fantastisch, ich kann mich kaum davon losreißen. Hamburg ist wirklich eine faszinierende Stadt.

»Okay«, sagt meine Fotografin, während sie einmal herumschwenkt und mich dann groß ins Bild nimmt. Wir beugen uns über die Kamera und verfolgen den kurzen Clip, den wir nachher auf Instagram posten werden. Sehr gelungen. Wir nicken uns zu, dann geht sie hinaus. An der Tür gibt sie Rosan die Klinke in die Hand.

»Wir sind so weit«, sagt Rosan. »Es kann losgehen.«

»Sitzen sie alle?«

Rosan nickt. Wir lächeln uns an, dann geht sie zurück in den Konferenzraum und schließt die Tür hinter sich.

Noch zwei Minuten, dann werde ich hineingehen und mit der Schulung beginnen.

Ich bin Rosan dankbar dafür, dass sie jetzt, so kurz vor dem Beginn der nächsten Schulung, alles Störende von mir fernhält. Sie weiß, dass ich jetzt Ruhe brauche, um mich konzentrieren zu können. Ich muss meine Energie bei mir behalten, denn meine Schülerinnen haben einen Anspruch darauf, dass ich gleich mein Bestes für sie gebe.

Manchmal habe ich das Gefühl, dass meine Mitarbeiterinnen zu meiner eigenen Familie geworden sind;

sie wissen manchmal mehr über mich als ich selbst. Sie wissen, wann ich ein Glas Wasser und meine Ruhe brauche, sie wissen, ob ich genug gegessen oder zu wenig geschlafen habe. Rosan weiß, dass sie mir etwas Gutes tut, wenn sie meine Kundinnen vorab so genau informiert, dass ich hinterher nichts mehr erklären muss, sondern sie einfach nur begrüßen und dann gleich loslegen kann.

Meine Mitarbeiterinnen sind absolut loyal, und das ist für mich die Grundvoraussetzung überhaupt. Loyalität steht an erster Stelle.

Drinnen, im Konferenzraum, wird gelacht, dann erklingt wieder Rosans Stimme. Ich straffe die Schultern und werfe einen letzten Blick auf die glitzernde Elbe. Plötzlich spüre ich, dass ich lächele. Und dann drehe ich mich um.

50 Augenpaare sehen mich an. Wie immer sind alle weiß gekleidet, die Angestellten und Mitarbeiterinnen tragen hingegen Schwarz. Der Raum ist perfekt vorbereitet, auf den Tischen liegen Stifte und Blöcke mit meinem Logo, daneben stehen die Starter-Sets. Die Atmosphäre ist gespannt und bereits jetzt hoch konzentriert.

Ich lege die Hände vor meiner Brust zu einem Gruß zusammen und heiße meine Schülerinnen willkommen. »Danke, dass ihr da seid!«, sage ich. Ein vielstimmiges Gemurmel antwortet mir. Und dann trete ich zum Stehpult.

Kapitel 10

Ein ganz neues Konzept: Die *Academy*

Aufgetankt

Vier Wochen Urlaub nach all den Jahren, in denen ich ohne Pause durchgearbeitet, gelernt und studiert hatte – andere fanden das eindeutig viel zu kurz, für mich aber reichte es aus, um aufzutanken. Vier Wochen, in denen ich mich ausruhte, mich pflegte, nur Menschen traf, die mir guttaten, und am Ende nach Berlin reiste, um dort meine beiden Freundinnen Senna und Seyda zu besuchen.

Wir hatten viel Spaß in diesen Tagen in der Hauptstadt, schlenderten durch die Einkaufsstraßen, aßen Eis, gingen in Klubs und alberten herum. Aber die beiden nahmen mich auch ernsthaft ins Gebet:

»Hey, Schatz, so geht das nicht weiter«, sagte Senna und schüttelte den Kopf. »Du darfst dich nicht so fertigmachen.«

»Absolut!«, rief Seyda und knuffte mich liebevoll in die Seite. »Wenn du nicht gerade von uns beiden

Mädels abgelenkt wirst, redest du nur noch über die Verantwortung für deine Mitarbeiterinnen und den Laden und, und, und …«

Ich zuckte mit den Schultern und streckte die Beine aus. Ein junger Mann, der am Tisch vorbeiging, lächelte mich an, und ich lächelte zurück, woraufhin Senna und Seyda natürlich anfingen zu kichern und mir ein paar ziemlich freche Vorschläge machten.

Nachdem wir uns alle drei wieder eingekriegt hatten, holte ich tief Luft und legte den Kopf in den Nacken, um mir die warme Berliner Sommerluft aufs Gesicht scheinen zu lassen. »Was würdet ihr mir raten? Was soll ich denn in Zukunft anders machen?«

Senna und Seyda sahen sich an, dann zog Senna eine Grimasse und zuckte mit den Schultern.

»Was haltet ihr davon, wenn ich mein Ding in Zukunft allein mache?«, schlug ich vor. Den Gedanken trug ich schon seit Längerem mit mir herum.

Senna nickte nachdenklich. »Keine schlechte Idee!«

»Ja, hey, du hast das Ganze jetzt so profimäßig durchgezogen, du brauchst doch gar keinen Geschäftspartner und keine 50 Angestellten«, fügte Seyda hinzu.

»17«, sagte ich trocken. »Es sind 17, nicht 50.«

»Ja, aber wenn du so weitermachst, dann sind es bald 50 und du bist völlig am Ende!«, rief Seyda und gab mir einen Klaps.

Senna nickte. »Ganz genau. Und ehrlich, wenn du weniger Stress haben und trotzdem Supervollprofi sein willst, dann mach dein Ding doch lieber allein klar. Oder in kleiner Besetzung, und du bist die Queen.«

»Bin ich doch sowieso!«, sagte ich, und wir brachen alle drei in Gelächter aus.

Eine geniale Idee

Unser Gespräch traf einen Nerv in mir. Ich musste in den verbleibenden Tagen in Berlin immer wieder darüber nachdenken. Ja, warum mein Ding nicht allein durchziehen, ohne den ganzen Stress, den ein so großer Laden mit sich brachte?

Natürlich war es einerseits schräg: Ich gönnte mir eine Auszeit, weil ich so leer gepumpt gewesen war, und am Ende kehrte ich mit einer neuen Geschäftsidee zurück in mein altes Leben. Aber für mich war es genau das Richtige. Ich hatte nicht nur eine Pause gebraucht, sondern eine neue Idee, eine neue Herausforderung, die mir Kraft gab.

Manche Menschen brauchen einfach nur Ruhe, wenn sie erschöpft sind, aber andere brauchen eine neue Aufgabe. Und genau zu diesen Menschen, das erkannte ich in diesen Tagen in Berlin, gehöre ich.

Nach und nach reifte die Idee in mir heran, an der ich gedanklich immer mehr herumfeilte. Und sie passte perfekt dazu, dass ich in den letzten Monaten immer mehr Anfragen – vor Ort im Laden oder auf Instagram – bekommen hatte, in denen ich gefragt wurde, ob ich nicht auch ausbilden würde. Das hatte ich immer verneinen müssen; schließlich besaß ich keinen Meisterbrief, sondern ich hatte meine Technik ja ganz allein für mich gelernt und vervollkommnet.

Andere Anfragen gingen in eine ähnliche Richtung. Die Leute bekamen mit, dass ich nicht nur richtig gut in meinem Job war, sondern noch dazu gut gekleidet, immer bestens gestylt, einfach durch und durch erfolgreich – und das in der Beauty-Branche, einem Bereich, in dem man eigentlich immer eher so im Mittelmaß mitschwimmt. Sie wollten wissen, wie ich das geschafft hatte.

Ich hatte angefangen, über Snapchat mit meinem Publikum zu kommunizieren – damals gab es auf Instagram ja noch keine Videos, sondern nur Bilder, aber auf Snapchat konnte man bereits Filme, sogenannte Snaps, hochladen. Das machte mir unglaublich viel Spaß; und mein Publikum lernte mich dadurch auf eine ganz andere Art kennen. In meinen Beiträgen war ich nicht mehr die Unnahbare, die Distanzierte, die nur ernste Fotos von ihrer Arbeit präsentierte, sondern eine lebenslustige, witzige Person, die Einblicke in ihr Leben gab, das überhaupt nicht so abgehoben war, wie man vorher hätte denken können.

Mir selbst gefiel das total gut, die Kommunikation mit meinem Publikum über Snapchat und Instagram hielt mich bei Laune und munterte mich auf. Und ich wollte gern etwas zurückgeben.

Vielleicht konnte ich gleich mehrere Fliegen mit einer Klappe schlagen: allein arbeiten, höchstens mit einer Handvoll Assistentinnen. Den Menschen etwas zurückgeben. Und mein Wissen weitergeben. Teilen.

»Und wie?«, fragte Senna neugierig und drehte ihr Glas in der Hand.

»Ja, genau, wie?«, fragte Seyda und schob ihre Sonnenbrille ins Haar, um mich scharf zu mustern.

Ich stellte mein eigenes Glas ab. »Ich könnte Schulungen anbieten«, sagte ich.

Senna und Seyda warfen sich einen Blick zu und zogen gleichzeitig die Augenbrauen hoch, die ich ihnen am Vormittag so perfekt gezupft hatte.

»Krass!«, sagte Senna. »Das ist genial!«

Das neue Konzept

Zurück in Stuttgart, machte ich sofort einen Termin mit meinem Geschäftspartner und erklärte ihm, was ich vorhatte. Natürlich war er nicht ganz so begeistert wie ich; immerhin würde er mich verlieren. Aber dafür würde er einen bestens eingeführten Laden ganz übernehmen können.

Sechs Monate dauerte die Übergangszeit, in der ich alles für die Übergabe vorbereitete und die bereits lange im Voraus vereinbarten Terminbehandlungen durchführte. Dann zog ich mich aus dem Geschäft zurück, verkaufte meinen Anteil an meinen Geschäftspartner und begann, meine zukünftige Geschäftsidee aufzubauen.

Der erste Schritt dahin war natürlich, die Werbetrommel zu rühren. Auf Instagram postete ich mein Vorhaben: »Leute, ich habe mich entschieden – wegen eurer vielen Anfragen werde ich jetzt Schulungen anbieten. Demnächst gibt es die *Sofia Ghasab Academy*, deutschlandweit die erste Akademie für Microblading!«

Und dann legte ich mich ins Zeug, damit die Leute aufmerksam wurden. Zwei, drei Bilder lud ich am Tag hoch, beschriftete das Ganze, versah es mit den passenden Hashtags, damit es auch ankam. Nach einiger Zeit waren dann nicht mehr nur Augenbrauen im Vordergrund, sondern auch ich.

Ich hatte schon immer gewusst: Wenn ich mal mein ganz eigenes Ding aufziehen würde, dann würde ich es Akademie nennen und meinen eigenen Namen dazunehmen, wie eine Marke eben. Eine gut eingeführte Marke …

Meine Mädels, Senna und Seyda, machten ebenfalls kräftig Werbung für mich, was hervorragend klappte, denn sie hatten ja auch ihre eigene Community und ein sehr breites Netzwerk. Die Werbung lief also. Jetzt ging es an die Organisation.

Das war nicht ganz so einfach für mich. Auf der einen Seite war ich ja die Macherin, die alles checkte, aber eben auch die chaotische Künstlerin, die sich zwischen den ganzen Notwendigkeiten verlieren konnte. Also brauchte ich Hilfe, jemanden, dem ich vertrauen und der mir zur Seite stehen konnte. Und da hatte ich schon jemanden im Auge: Rosan.

Abgeben lernen

Zu Rosan, der Schwester meines zukünftigen Ex-Geschäftspartners, hatte ich in den zwei Jahren, die ich *Faces* geleitet hatte, einen sehr guten Kontakt aufgebaut. Wir verstanden uns bestens, vor allem, weil wir beide liebend gern Herausforderungen suchen und annehmen. Ich hatte sie oft genug bei der Arbeit beobachtet und war mir sicher: Diese Frau würde mich auch bei meiner neuen Aufgabe gut unterstützen und ergänzen können.

Also fragte ich Rosan, ob sie nicht Lust hätte, mit mir zusammen die Schulungen aufzuziehen. Ich war gerade fertig damit, ihr zu erklären, was ich eigentlich vorhatte, da nickte sie nachdenklich. »Gib mir einen Tag, okay? Ich schlaf noch mal drüber …«

Am nächsten Tag trafen wir uns bei ihr im Büro. Gemeinsam entwickelten wir ein Konzept, das wir im Laufe der Zeit immer weiter verbesserten. Wir begannen damit, unsere Schulungen auf Social Media anzubieten, und zwar deutschlandweit. Das war auch unsere Besonderheit: Wir waren mit die Ersten, die Social Media gezielt als Werbeinstrument nutzten.

Stuttgart ist zwar eine schöne, große Stadt, aber eben nicht für jeden erreichbar. Anstatt also die Leute alle nach Stuttgart einzuladen, schien es uns unkomplizierter, wenn wir stattdessen zu den Leuten reisten. Dazu mieteten wir in verschiedenen Städten geeignete Kosmetiksalons, in denen das ganze Equipment, das wir benötigten, schon vorhanden war. Und dann boten wir mit drei Monaten Vorlauf Termine an, die die Leute buchen konnten. Rosans Aufgabe war es, die Kurse vollzubekommen. Das klappte mühelos, denn der Andrang war enorm.

Schon bald begriff ich, dass ich noch etwas abgeben musste: die Werbearbeit auf Social Media. Ich selbst war darin zwar ziemlich gut und es machte mir auch viel Spaß, aber ich musste ja auch noch meine Behandlungstermine absolvieren und die Schulungen vorbereiten und durchführen. Und ein Privatleben hatte ich ja auch noch … also nein, ich konnte einfach nicht auf allen Hochzeiten zugleich tanzen.

Wie so oft hatte ich auch jetzt wieder das richtige Gefühl zur richtigen Zeit. Eine Person, die sich ausschließlich um Social Media kümmern würde, wäre da deutlich effektiver. Sie konnte vielleicht 100 Prozent rausholen, anders als ich, die ich noch so viel nebenbei zu tun hatte. Ich wusste instinktiv: Nur durch das Teilen, also nur, wenn ich etwas abgab, konnte ich größer werden.

Und so war es dann auch. Ich stellte eine Assistentin für meine Social-Media-Belange ein. Sie beantwortete

Nachrichten und Kooperationsanfragen und fragte ihrerseits auch selbst an, sie bearbeitete Bilder, postete Beiträge und erledigte alles Sonstige, was mit Social Media zu tun hatte. Und sie war ihr Geld wert.

Theorie und Praxis

Die ersten Schulungen befassten sich mit Microblading und Permanent-Make-up. Am ersten Tag lernten meine Schülerinnen Theorie, am zweiten Tag war Praxis angesagt. Da konnten sie dann unter meiner Führung an freiwilligen Modellen arbeiten, die sich vorher bei mir angemeldet hatten.

Schulungen zu halten, war für mich eine komplett neue Welt. Zuvor war ich Chefin gewesen, hatte beaufsichtigt, gemanagt und organisiert. Nun aber war ich als Lehrerin gefragt, die anderen ihr Können zeigte und ihr Wissen teilte.

Als Perfektionistin legte ich meine neue Tätigkeit sehr streng aus, führte straff durchs Programm und duldete keine Schlampereien. Mein scharfer Tonfall kam nicht immer gut an; immerhin handelte es sich bei meinen Schülerinnen ja auch gleichzeitig um Kundinnen, die nicht wenig Geld dafür bezahlt hatten, um von mir unterrichtet zu werden.

Im ersten Jahr hielt ich die Zügel ziemlich straff. Weil ich wusste, dass manchen meine Gangart durchaus zu viel war, entschuldigte ich mich immer schon im Voraus und bat sie, meinen Tonfall nicht persönlich zu nehmen.

Aber mit der Zeit, als ich merkte, dass es auch anders ging, wurde ich weicher und geduldiger. Es gelang mir, meine Art nach und nach mit den Schulungen selbst in eine gewisse Balance zu bringen. Nicht nur die Schulungen, auch ich musste ja eine hohe Qualität aufweisen, eine gute, einfühlsame, strenge, aber gerechte Lehrerin sein. Nach und nach klappte das immer besser.

Der Praxisteil forderte mich enorm, aber auf eine andere Art. Immerhin wurden mehrere Menschen gleichzeitig geschult – und zwar an lebenden Modellen. Da war jeder Fehler verhängnisvoll. Zwar hatte ich einige Helferinnen, die den einzelnen Schülerinnen beiseitestanden, aber ich war natürlich die Hauptverantwortliche, und zwar für alles. Nichts durfte schiefgehen, also musste ich meine Augen und Ohren überall gleichzeitig haben, um etwaige Missgeschicke sofort zu bemerken.

Das war unglaublich anstrengend, aber auch befriedigend. Eine neue Herausforderung eben. Und die liebe ich ja …

Die eigene Linie

Bei Gründung der Akademie war mir bewusst, dass ich meinen Schülerinnen ein Starter-Set anbieten wollte, in dem die wichtigsten Produkte enthalten waren, die zum erfolgreichen Microblading benötigt werden. Neben Farben, Schere und Pinzette sind das Augenbrauen-Vorzeichenstifte und ein Microblading-Holder, dazu passende Blades, Kunsthaut zum Üben und eine Pflegecreme.

Zu Beginn musste ich mir alle Einzelteile bei verschiedenen Firmen bestellen, was einen enormen Aufwand bedeutete. Und befriedigend war das Ergebnis auch nicht immer – oft kamen die bestellten Produkte nicht rechtzeitig an oder erwiesen sich als nicht geeignet.

Eines Tages, als ich einen leider nicht sonderlich gut designten Holder aus seiner Verpackung nahm und von allen Seiten betrachtete, kam mir plötzlich eine Idee. Warum entwarf ich eigentlich nicht eine eigene Produktlinie? Eine, bei der alles zusammenpasste, bei der sich Form und Farbe ergänzten, bei der Qualität und Funktion stimmten, und das auf höchstem Niveau, so wie es in allen anderen Bereichen doch schon längst mein Anspruch war?

Auch meine Mitgesellschafterin Rosan hielt das für einen guten Plan und unterstützte mich in jeder Hinsicht dabei. Zwei Jahre dauerte es von der Idee bis zu den fertigen Produkten. Ich probierte sehr viele Pigmente aus, um wirklich hochwertige Farben anbieten zu können – schließlich soll ja nicht nur ich mit den Dingen zufrieden sein, sondern vor allem auch meine Kund*innen.

Ich habe mit so vielen Pigmenten gearbeitet, dass ich mittlerweile ein extrem gutes Gefühl dafür entwickelt habe. Mehrere Punkte sind wichtig, um die Qualität zu bestimmen. Vor allem natürlich die Konsistenz: Wie einfach lässt sich die Farbe auf die Haut auftragen, wie viel davon bleibt haften, wenn ich sie wieder entferne? Ist sie eher ölig, cremig oder hart?

Ich habe auch extra Modelle für die Pigmentprüfung engagiert, denn es ist ein längerer Prozess, bis ich die Farbe am Ende wirklich bewerten kann. Die Farbe wird schließlich unter die Haut eingearbeitet, die danach zuheilt. Erst nach ein oder zwei Monaten kann ich das endgültige Resultat sehen und bewerten.

Die richtigen Pigmente für die Farben zu finden, beanspruchte die meiste Zeit. Aber auch die anderen Produkte entwarf ich selbst: Holder, Nadeln, Scheren und Pinzetten, sämtliches Zubehör und noch dazu die bequeme Schultertasche, in der man alles verstauen kann. Auch das Logo und die Verpackungen habe ich selbst designt. Das alles hat mir unglaublich viel Freude gemacht – endlich konnte ich meine gesamten künstlerischen Fähigkeiten und Ideen wieder so richtig einsetzen!

Mit dem Design war es allerdings nicht getan, denn ich musste natürlich auch die passenden Materialien für die anderen Produkte finden und testen. Für mich als Perfektionistin war das eine Mammutaufgabe: Liegt dieser Holder auch nach fünf oder sechs Stunden immer noch gut in der Hand? Ist er vielleicht doch zu schwer oder zu rutschig? Und fühlt es sich immer noch gut an, wenn vorn das Logo eingestanzt ist? Sogar bei den ganz kleinen sterilen Einwegnadeln verwende ich mein Logo. Denn ob im Kleinen oder Großen, ob innen oder außen: Qualität ist das Wichtigste, immer und überall!

Und deshalb ...

2018 führten Rosan und ich den *Sofia Ghasab Shop* mit seiner umfassenden Produktpalette mit einem wunderbaren, sehr gelungenen Launch ein, zu dem wir viele Gäste einluden. Es war eine total krasse Party und mit Sicherheit nicht die letzte ...

Auch wenn wir heutzutage sehr viel Zeit online verbringen und uns im Internet bewegen – die Begegnungen im realen Leben sind das, was wirklich in Erinnerung bleibt. Und auch wenn ich mit Instagram »groß« geworden bin: Nicht alles, was heutzutage mit dem Geschäft zu tun hat, ist virtuell – das meiste findet in der realen Welt statt: die Schulungen, der Unterricht, die Launchs, die Events. Instagram, Social Media generell – das ist nur das Schaufenster zur wirklichen Welt, die viel größer, viel aufregender, viel umfassender ist, als viele Menschen es sich überhaupt vorstellen können.

Und ich bin mir sicher, sie wird noch viel aufregender werden. Meine eigene Marke, meine eigene Linie, mein Markenzeichen – damit bin ich nicht nur erfolgreich, sondern auch glücklich geworden. Deshalb kann ich dir raten:

Finde dein Ding!

Hier und heute

Ich schließe die Tür auf. Helles Licht fällt in den Flur, lässt die Farben des kleinen Teppichs aufstrahlen. Meine Großcousine Suleida hat ihn damals aus Kanada mitgebracht, als sie uns vor vielen Jahren das erste Mal in Deutschland besucht hat. Aber eigentlich stammt der kleine Teppich aus dem Iran, aus Tabriz, der Stadt, in der wir alle drei geboren und aufgewachsen sind. Er hat im Haus meiner Urgroßeltern gelegen, bevor Suleida ihn nach Kanada mitgenommen hatte, wo sie inzwischen lebt. Und jetzt liegt er hier bei Maman und mir, mitten in Stuttgart.

Genau wie wir drei hat der kleine Teppich eine lange Reise hinter sich, im Grunde eine noch längere als wir. Nun aber läuft mein hübscher Kater Miu-Miu über ihn hinweg auf mich zu und maunzt leise.

»Da bist du ja, mein Hübscher!«, sage ich und hänge meinen Mantel auf. Miu-Miu streicht mir um die Beine und gibt erst Ruhe, als ich mich zu ihm hinunterbeuge und ihn zärtlich hinter den Ohren kraule. Aus seinen unergründlichen grünen Augen starrt er mich an und maunzt noch einmal. »Hast du Hunger? Komm, ich gebe dir gleich was!«

Ich richte mich wieder auf und laufe in die Küche hinüber. »Maman?«, rufe ich. »Bist du zu Hause?«

Alles bleibt still, aber das wusste ich eigentlich schon. Meine Mutter ist sehr viel unterwegs und fast nie da, wenn ich in einer meiner seltenen Mittagspausen zu Hause vorbeigehe. Abends aber ist sie meist zu Hause. Wenn ich es einrichten kann, essen wir gern auch gemeinsam, aber das kommt leider nicht allzu oft vor.

Wir wohnen wie in einer ziemlich lässigen Wohngemeinschaft zusammen, das genießen wir beide sehr. Hier, bei uns zu Hause, kann ich Ruhe tanken, entspannen, mich erholen. Das ist unglaublich wichtig für mich.

Miu-Miu springt leichtfüßig auf einen Stuhl und sieht mir dabei zu, wie ich Futter für ihn aus dem Schrank hole und in seinen kleinen Napf fülle. »Na, meine Prinzessin?«, frage ich und streichele ihm noch einmal über sein langes, grau-weißes Fell. Miu-Miu ist, wie sollte es anders sein, ein Perserkater, und ich muss immer lächeln, wenn ich ihn »Prinzessin« nenne. Aber es passt einfach so gut zu seinem eleganten Auftreten.

Miu-Miu maunzt und macht sich über sein Futter her, das ich ihm hinstelle. Ich strecke die Beine aus und sehe ihm beim Fressen zu.

In einer Viertelstunde bin ich mit meiner Personal Trainerin verabredet, dann ist es mit der Ruhe vorbei. Aber darauf freue ich mich schon.

»Ich habe es wirklich gut«, denke ich und schließe kurz die Augen. Ruhe, Arbeit, Spaß, alles ist im Moment gut ausbalanciert und im Gleichgewicht. Und das weiß ich sehr zu schätzen – denn es war nicht immer so. Ganz und gar nicht.

Kapitel 11

Get the Spirit: Eins sein mit mir

Verlorenes Vertrauen

Damals, bevor ich die *Academy* gründete, hatte ich wirklich eine sehr schlechte, depressive Phase. Ich hatte so viel gearbeitet, mich selbst überlastet, bis ich einfach nicht mehr konnte und zusammengeklappt war. Dazu waren noch andere Probleme gekommen: eine zerbrochene Beziehung, zu viel Verantwortung, existenzielle Fragen.

Ich verstand die Welt nicht mehr. Warum passierte mir all das? In den Jahren zuvor hatte ich mich extrem weiterentwickelt, hatte eine ganz neue, intensive Sicht auf die Welt und Zugang zu mir selbst gefunden. Mit einem komplett veränderten, geschärften Blick hatte ich die Natur erkundet, eine wahre Explosion der Farben und Formen entdeckt. Die Welt hatte sich mir neu erschlossen – dann aber hatte ich jegliches Vertrauen verloren, in die Welt, die Menschen, in mich selbst.

Ich wusste einfach nicht mehr weiter. Seit Jahren hatte ich schon meditiert, mir auch therapeutische Unterstützung geholt. Aber das reichte jetzt nicht mehr aus. Ich brauchte dringend Hilfe. Denn ich spürte, dass irgendetwas schon seit Langem nicht mit mir gestimmt hatte. Es waren mehrere Dinge, die ineinandergriffen, die verhinderten, dass ich wirklich ganz mit mir im Reinen war.

Zum Beispiel hatte ich mich nie wirklich zu Hause gefühlt, war nie wirklich angekommen, auch nicht bei mir selbst. Und es gelang mir einfach nicht, die Kontrolle abzugeben. Alles musste ich ständig selbst machen, und auch wenn ich einmal etwas abgab, hatte ich fast zwanghaft das Bedürfnis nachzusehen, ob auch wirklich alles in meinem Sinne geschah.

Das strengte mich so sehr an, dass ich am Ende an diesem Tiefpunkt angelangt war. Zwischen der Person, die ich war, der, die ich nach außen hin zeigte, und der Person, die ich sein wollte, klaffte eine Riesenlücke, so groß, dass ich manchmal gar nicht mehr erkennen konnte, wer ich eigentlich war.

Nein, mit mir stimmte etwas ganz und gar nicht. Aber was sollte ich bloß tun, um das zu ändern?

Die Blockaden lösen

Und genau an diesem Punkt traf ich auf einen Menschen, der mich auf die Bioenergetik aufmerksam machte. Das sagte mir erst mal gar nichts, also machte ich natürlich das, was alle Menschen heutzutage tun: Ich googelte die ganze Sache und fand heraus, dass Bioenergetik ein Weg sein sollte, die eigene Persönlichkeit vom Körper und seinen Energiefeldern her zu verstehen. Das interessierte mich schon mal, also informierte ich mich weiter.

Klar, die Körperenergie entsteht durch Stoffwechsel, also essen und trinken, und durch die Atmung und wird durch Bewegung entladen. Je mehr Energie man hat, desto besser kann man mit verschiedenen Situationen im Leben umgehen. Unser Geist, das habe ich später durch meine MentorIn gelernt, besitzt genau wie der Körper ebenfalls Organe, die aber nicht sichtbar sind. Dies sind sieben Energiezentren oder Kraftfelder, die auch Chakren genannt werden, und Energiebahnen, die Meridiane heißen. Wenn die Energie überall frei fließen kann, ist der Mensch gesund – aber wenn Teile blockiert sind, dann geht es einem nicht so gut.

Ich dachte sofort, dass Letzteres garantiert auf mich zutraf. Genauso fühlte ich mich nämlich: Als sei in mir etwas blockiert, das ich einfach nicht allein lösen konnte.

Ich stieß auf meine zukünftige Behandlerin, die mit Bioenergie arbeitete, und machte einen Termin mit ihr aus. Erst mal ließ ich mir von ihr genau erklären, wie ihre Behandlungsmethode funktionierte. Eine bioenergetische Behandlung, erfuhr ich, kann auch bei seelischen Problemen wie Depressionen helfen und wieder Licht in eine verdunkelte Seele bringen. Über das Unterbewusstsein hilft die Bioenergie dabei, störende, ungesunde Verhaltens- und Denkmuster nach und nach loszulassen. Genau das wollte ich!

Und so begann meine Reise ins Innere. Meine Behandlerin kontrollierte erst einmal gründlich, ob meine Meridiane frei waren und meine Chakren funktionierten. Und siehe da, hier lag das Problem – ich war komplett blockiert!

Auf einmal bekam ich Antworten auf all meine Fragen. Natürlich hatte ich mich nie ganz zu Hause fühlen können, denn ich hatte ja im jugendlichen Alter meine Heimat verlassen müssen. Mein Herz hatte einen Knacks bekommen, weil ich – abgesehen von meiner Mutter – von meiner Familie getrennt worden war. Dass mein Bauch so oft schmerzte, ergab ebenfalls einen Sinn: Das dort sitzende Chakra steht für Vertrauen, aber das wiederum hatte gelitten, weil ich schon in frühester Jugend allein für mich hatte einstehen müssen. Und mein Hals tat oft weh, weil er für das steht, was du sein willst, aber nicht bist: Genau darunter hatte ich gerade in meiner Jugendzeit enorm gelitten. Wenn ich nur an die Zeit in Degerloch dachte, an mein großes, nie gestilltes Bedürfnis dazuzugehören …

Nun wurde mir vieles klar. Kein Wunder, wenn du ein gebrochenes Bein oder eine schlimme Erkältung hast, dann weißt du sofort, was du dagegen unternehmen kannst. Aber was ist, wenn dein Geist wehtut? Was ist, wenn deine Seele wehtut?

Erfolg/reich werden

Ich habe damals gelernt, dass es bereits hilft, wenn man sich über all diese Dinge klar wird. Zu erkennen, woran man leidet, ist der erste Schritt. In der Psychologie spricht man von drei Schritten: erkennen, benennen, verändern. Und ich glaube, genauso ist es: Man muss die Dinge erst einmal wirklich verstehen, bevor man sie verändern kann. Erst dann kann es einem gelingen, die Balance zu finden.

Denn alles, davon bin ich fest überzeugt, ist miteinander verbunden. Du musst erst mal deine innere

Ruhe finden, damit du dich verstehst. Wenn du ein Chaos in dir hast, dann gelingt dir das nicht, und dann kannst du auch keine Antworten auf deine Fragen bekommen. Und dann wiederum wirst du auch nicht erfolgreich werden, weder in deinem Privat- noch in deinem Geschäftsleben. All das ist miteinander verbunden. Das eine geht nicht ohne das andere.

Aber wenn du alles zusammen ins Gleichgewicht bringst – und das ist das Schöne, was ich erfahren habe –, dann kannst du wirklich glücklich werden. Und dann kommt der Erfolg, privat wie beruflich, von selbst.

Zunächst aber musst du erst einmal wissen, was du mit deinem Leben anfangen willst. Der erste Schritt dahin ist, sich Fragen zu stellen und Antworten darauf zu suchen: Wo bin ich, wer bin ich und was will ich? Wo war ich bisher, wo stehe ich jetzt, wo möchte ich hin?

Über die Zukunft kannst du nicht restlos bestimmen, denn die hängt von sehr vielen Faktoren ab. Aber durch deine Entscheidungen kannst du dich selbst in die Richtung lenken, in die du gehen möchtest.

Finde heraus, was du eigentlich willst. Versuche, deine ganz spezielle eigene Leidenschaft zu entdecken. Und wenn du sie gefunden hast, dann bleib dran: Lies Bücher darüber, sieh dir Filme dazu an, informiere dich auf allen Kanälen, die du nutzen kannst. Schöpfe alle Möglichkeiten aus, erstelle Konzepte, mach dir Gedanken darüber, wie du vorgehen kannst.

Diszipliniere dich selbst: Schlaf nicht jeden Tag bis um zwölf aus, sondern stehe früh auf und lege los, jeden Tag aufs Neue. Sei ehrgeizig, erstelle dir täglich eine neue To-do-Liste, arbeite konsequent auf dein Ziel hin. Dann, aber nur dann, wirst du erfolgreich sein!

Eins aber bedenke: Erfolg kommt nicht über Nacht. Erfolg braucht Zeit und Geduld.

Die spirituelle Seite

Ich weiß, dass ich von Energien umgeben bin, die mir tatsächlich in meinem Leben sehr oft geholfen haben. Es gab einige Momente, in denen ich kurz davor war, riskante Entscheidungen zu treffen, die mir hätten schaden können, im Beruflichen wie auch im Privaten. Und sehr oft traf ich dann doch die richtige Entscheidung, so als hätte mich jemand oder etwas vor Schlechtem bewahrt und mich beschützt – ein Schutzengel eben, oder eine Art positiver Energie.

Schon oft und in frühester Zeit wurde dieses Phänomen beschrieben, dass es Energien gibt, die Zugang zu uns und unseren Empfindungen haben, die wir mit unserem Dritten Auge sehen können – das bei den meisten Menschen aber verschlossen ist.

Ich fühle, dass ich sehr mit diesen unsichtbaren Energien verbunden bin. Manchmal spüre ich im Voraus, dass gleich etwas passieren wird, oder ich denke an jemanden und sehe ihn kurz danach tatsächlich. Das sind im Grunde keine Zufälle, sondern wir signalisieren durch unser Verhalten vieles, das uns gar nicht bewusst ist. Wir haben aber die Möglichkeit, uns dessen bewusst zu werden und diese Verbindung aktiv zu trainieren und so zu kontrollieren. Denn wenn wir uns diesen Energien öffnen, dann leben wir viel mehr im Einklang mit uns selbst.

Es gibt viele Möglichkeiten, sich dem anzunähern. Vielleicht machst du Yoga oder meditierst, vielleicht gehst du joggen oder wandern, besuchst ein Kloster, gehst auf Pilgerfahrten.

Ich persönlich habe mich der Bioenergie zugewandt und damit meine spirituelle Seite entdeckt. Das hat mir sehr geholfen.

Herz und Verstand

Ganz besonders wichtig ist für mich auch, Herz und Verstand in Einklang zu bringen. Das Herz steht für das Bauchgefühl, der Verstand wiederum für das Denken.

Viele Menschen entscheiden und handeln rein nach Gefühl, die Emotionen übernehmen dann die Leitung. Ich glaube aber, dass das nicht immer gut ist, denn damit überfordern wir unser Herz.

Andererseits gibt es Menschen, die sich rein vom Verstand lenken lassen – oder das zumindest versuchen. Bei diesen Menschen wiederum werden Herz und Bauchgefühl dann unterfordert; alle ihre Entscheidungen werden sehr trocken getroffen, weil das Gefühl außen vor gelassen wird. Auch das scheint mir nicht richtig.

Denn Gott hat uns ja alles gegeben: Herz und Verstand – und den Körper ohnehin. Unsere Aufgabe, denke ich, ist zu lernen, alles ins Gleichgewicht zu bringen. Welche Funktion sollte dein Herz übernehmen, welche dein Verstand? Welche Rolle spielt dein Körper und wie kannst du mit allem im Einklang leben?

Denn: Warum haben wir Körper, Geist und Seele bekommen, wenn wir sie nicht optimal nutzen und zu verstehen versuchen? Viele Menschen kommen zur Welt und lernen nur, ihren Körper zu pflegen und ihm zu vertrauen. Wir wachsen mit bestimmten Systemen auf, gehen zur Schule, essen, lernen, spielen. Aber was wir nicht lernen, ist, unserem Herz zu vertrauen und unseren Verstand damit in Verbindung zu bringen. Oftmals konzentrieren wir uns nur auf unseren Körper. Aber ich meine, das reicht nicht aus.

Wir sind mehr als unser Körper. Alles gehört zusammen, muss zusammen heranwachsen und sich entwickeln.

Die Seele bilden

Für mich bedeutet das zugleich auch, die Seele zu bilden. Wie das geht? Indem ich versuche, ein guter Mensch zu sein, rein und sauber, im Einklang mit mir selbst.

Natürlich muss man dazu erst einmal wissen, was ein guter Mensch überhaupt ist. Und wie man dahin kommt, ein guter Mensch zu werden.

Ich persönlich glaube, dass das nur über den Weg der Selbsterfahrung geht. Dazu gehört zum Beispiel, Dinge zu vermeiden, die definitiv nicht gut sind, nicht für dich selbst und auch nicht für andere. Was du für dich selbst nicht möchtest, das füge auch niemand anderem zu – daran sollte sich jeder von uns halten.

Dazu gehört: nicht lügen, nicht stehlen, keine Sünde begehen. Was genau eine Sünde ist, muss jeder Mensch für sich selbst definieren.

Ein guter Mensch zu sein ist nicht einfach. Wir sind alle nicht perfekt, auch ich nicht. Aber ich arbeite jeden Tag aufs Neue daran, ein guter Mensch zu sein. Und ich habe mich bewusst für diesen oft schwierigen Weg entschieden, weil es sich richtig anfühlt. Weil ich am Ende des Tages – und auch am Ende meiner Tage! – ein gutes Gefühl haben möchte.

Wenn ich abends schlafen gehe, wenn ich meinen Kopf auf ein Kissen lege, muss ich mit mir im Reinen sein. Wenn ich das von mir sagen kann, dann öffnet sich eine Tür in die Zukunft. Erst, wenn du deine Blockaden überwunden und dich entschieden hast vorwärtszugehen, erst dann kommst du weiter voran.

Das meine ich mit Seele bilden! Und das, davon bin ich fest überzeugt, kann jeder und jede von uns. Wir alle haben die Chance, die Seele zu bilden und ein guter Mensch zu sein. Aber wir müssen uns auch dazu entscheiden.

Was der Körper braucht

Natürlich müssen wir auch unseren Körper pflegen und gut zu ihm sein, denn er muss uns unser ganzes irdisches Leben lang eine Heimat bieten. Was für deinen Körper das Beste ist, musst du natürlich selbst entscheiden. Ich zum Beispiel nehme gern pflanzliche Heilmittel, die ich mir von meiner Heilpraktikerin verschreiben lasse.

Umstände, die das Leben mit sich bringt, gehe ich bewusst an. Dazu gehört auch, meinen Körper zu pflegen, auf mich zu achten, Sport zu treiben, wenn ich Gelegenheit dazu habe. Manchmal gibt es auch Phasen, in denen ich mich vor lauter Stress ungesund ernähre und kaum bewege. Dann nehme ich mir bewusst die Zeit und trainiere ein bisschen, mache Fitness und Power Plate. Das ist wie Gymnastik nur mit Vibration und besonders gut für die Gelenke, weil ich oft sitze oder Verspannungen an Armen und dem Nacken habe.

Der Körper spielt eine große Rolle beim Glücklichsein, unser Aussehen ist auch enorm wichtig. Wir verbinden viel damit. Aber alles gute Aussehen nützt uns nichts, wenn wir nicht im Einklang mit uns selbst sind. Wenn wir diesen Einklang erreichen, müssen wir uns auch vor dem Alter nicht fürchten, denn das Alter ist letztlich auch nur ein innerer Wert.

Und deshalb ...

Früher hat meine Tante mir manchmal gesagt: »Du kannst nicht mit Schlappen in den Krieg ziehen. Du brauchst eine Ausrüstung.«

Das habe ich erst nicht verstanden. »Was für eine Ausrüstung?«, fragte ich sie.

Sie hat gelächelt. »Du musst dich schützen, *azizam*. Weil da draußen Krieg ist. Und da du so empfindlich und sensibel bist, wirst du viele Wunden und Narben bekommen, wenn du nicht aufpasst. Also rüste dich.«

Heute weiß ich, was sie damit gemeint hat: »Baue deine Mauern so auf, dass dich niemand treffen und verletzen kann.« Womit ich diese Mauern baue? Mit meinem Glauben, meiner Hoffnung, meinen Vorstellungen. Und damit, mein Herz, meinen Geist und meinen Körper in Einklang zu bringen.

Im Grunde ist es ganz einfach: Ich versuche, gut zu mir und zu anderen zu sein. Und ich entscheide mich immer wieder aufs Neue dafür. Denn wir sind mehr als nur der schöne Schein. Deshalb:

Sei ein guter Mensch!

Hier und heute

Ich lehne mich zurück und nutze die kurze Pause zwischen zwei Behandlungen, um meine letzte Aufnahme anzusehen, die ich vor einigen Minuten gemacht habe. Ich bin jedes Mal aufs Neue gespannt, wie die Behandlungen gelungen sind und auf den Reels wirken.

Selen sieht in den Raum. »Alles okay? Kann ich mitgucken?«

»Natürlich, komm her!« Ich rücke ein wenig zur Seite und Selen lehnt sich neben mich. Gemeinsam beugen wir uns über mein Handy und sehen uns die Aufnahme in Ruhe an. Ich habe, natürlich mit ihrem Einverständnis, meine letzte Kundin gefilmt, um die Veränderungen, die meine Behandlung erbracht hat, zu dokumentieren. Die Symmetrie ihrer Augenbrauen ist nahezu perfekt. Selen schürzt anerkennend die Lippen.

»Super«, sagt sie, »das ist sehr gut gelungen!«

Im Empfangsraum klingelt das Telefon und Selen springt auf und geht rasch hinaus, um den Anruf anzunehmen.

Ich betrachte noch einmal die Augenbrauen meiner Kundin, dann stecke ich das Handy ein und lehne mich zurück in den bequemen Loungesessel. Über den Häusern auf der anderen Straßenseite ziehen ein paar Wolken am leuchtend blauen Himmel entlang. Eine Ringeltaube fliegt vorbei, gefolgt von einer zweiten.

Wirklich, es gibt so unglaublich viele talentierte, witzige, kreative Menschen da draußen. Und nur ein Bruchteil davon schafft es zu zeigen, was in ihnen steckt.

Andere wissen sehr wohl, Social Media perfekt für sich zu nutzen. Das bewundere ich, denn das ist auch eine Kunst für sich.

Aber es kann auch ein Fluch sein. Das habe auch ich, wie alle Menschen, die sich in der Öffentlichkeit bewegen, zwangsläufig erfahren müssen.

Kapitel 12

Use it: Instagram und Co.

Schnelle Zeiten

Social Media – wer nutzt die sozialen Medien nicht in unseren Zeiten? Klar, viele ältere Leute befassen sich null damit. Aber für jüngere Menschen rund um den Erdball gehören Social Media einfach dazu – und für manche ist es sogar die einzige Kommunikationsform …

Es gibt viele verschiedene Plattformen, deren Beliebtheit ständig im Wandel begriffen ist – Instagram, Facebook, Twitter, TikTok und andere. Während ich diese Zeilen schreibe, ist sicher schon wieder eine neue Plattform im Kommen, oder es sind gleich mehrere, denn wir leben in einer schnellen Zeit, in der sich vieles von einem Moment zum anderen ändert.

Social Media sind immer ein zweischneidiges Schwert. Wie überall im Leben gibt es daran Vor- und Nachteile, helle und dunkle Seiten. Und wie bei allem im Leben muss jede*r von uns einen eigenen Umgang damit finden.

Eine Zeit lang habe ich Snapchat benutzt, hatte auch eine sehr gute Reichweite damit. Nach einiger Zeit stieg ich auf Instagram um.

Instagram ist also das Medium, über das ich bekannt geworden bin. Die App gibt es seit 2010, zwei Jahre später verkauften die beiden Gründer den Laden an Facebook. Danach stiegen die Nutzerzahlen sprunghaft an. Ende 2016 waren es bereits 600 Millionen. 600 Millionen von acht Milliarden Menschen! Unfassbar.

Schon 2011 habe ich Instagram benutzt, zuerst privat, dann, ab 2013, auch in einem geschäftlichen Zusammenhang. Ich habe mir, wie die meisten User, alles selbst erschlossen, Informationen aufgesaugt, allmählich ein Gefühl dafür bekommen.

Was läuft da ab? Wie kann man das nutzen? Was wollen die Leute sehen? Was verkauft sich? Und was geht gar nicht? Nach und nach habe ich begriffen, wie das Ganze funktioniert. Und wie ich es am besten nutzen kann.

Die Mitte finden

Du weißt ja mittlerweile: Ich bin ein Mensch, der gern alles angeht. Am Anfang schaue ich mir die Dinge an, nehme sie auf, und dann versuche ich, sie umzusetzen. Genauso war es mit Instagram.

Als ich damals entdeckte, dass es noch gar keine Vorher-nachher-Bilder von Augenbrauen gab, hatte ich genau mein Ding gefunden. Ich fing an, welche zu posten, und rasch erreichte ich unglaublich viele Menschen damit.

Zu Beginn war die Qualität der geposteten Bilder lange nicht so gut wie jetzt, trotzdem wollten die Leute sie sehen. Wichtig war natürlich auch, dass ich die passenden Hashtags unter die Posts gesetzt habe – nur so bekommt man eine höhere Reichweite und wird gefunden.

Was ich daruntersetzte? Hashtags wie #Stuttgart, #Frankfurt, #München, #Berlin, #Augenbrauen, #Eyebrows und so weiter ... Und das hat funktioniert, die Leute sind aufmerksam geworden. Ich bekam immer mehr Follower – und fiel natürlich erst recht auf. Dann setzte eine Kettenreaktion ein, und mittlerweile sind es über 4000 Bilder. Sie sind immer noch da – wenn du ganz runterscrollst, dann landest du wieder dort, wo ich angefangen habe. Sogar das erste Bild ist noch zu sehen.

Ein kleiner Tipp: Guck dir alles der Reihe nach an, dann kannst du genau verfolgen, wie ich immer mehr Menschen erreicht habe. Und das kannst auch du nutzen. Für dein eigenes Ding!

Ich persönlich sehe mich übrigens eher als eine Künstlerin als eine Bloggerin. Ich blogge nicht, das machen andere viel besser. Ich hingegen zeige meine Arbeit.

Schon recht früh habe ich damals begriffen, dass es wichtig ist, immer aktiv zu sein. Also auch wenn du im Urlaub bist, solltest du immer aktiv sein, jede Woche, jeden Tag, am besten rund um die Uhr. Die Leute wollen unterhalten werden, auf jede Art und Weise. Dann folgen sie dir auch!

Allerdings musst du auf ein paar Dinge achten: Deine Welle darf nicht zu schnell ansteigen, sonst flaut sie auch zu schnell wieder ab. Die Leute werden rasch müde, wollen immer Neues sehen. Deshalb: Du musst genau die Mitte finden, nicht zu viel von dir zeigen, aber auch nicht zu wenig. Mal Bilder posten, mal Videos, mal Storys zeigen. Personen markieren, um beim nächsten Account zu landen. Wenn eine Story weitergeleitet wird, dann kannst du damit eine Kettenreaktion auslösen, *Traffic* schaffen – Bewegung. Die passende Konstanz, das Finden des perfekten Mittelmaßes, ist schwierig – aber darum kommst du nicht herum, wenn du Erfolg haben möchtest.

Mittlerweile beschäftige ich zwar Leute, die sich für mich um Social Media kümmern – aber sie müssen genau wissen, was ich mag und was mir nicht gefällt, und darauf achten, dass alles, was sie posten, meiner Vorstellung entspricht, damit es auch authentisch rüberkommt. Und ich bin immer noch aktiv beteiligt, jetzt eher im Hintergrund, also backstage, und zwar damit, Themen auszusuchen, aufzunehmen und zu schneiden.

Gern würde ich auch einen eigenen YouTube-Kanal aufbauen, aber bislang fehlt mir leider noch die Zeit dafür – was nicht heißt, dass das nicht noch kommen kann!

Ich selbst nutze Instagram und die anderen Social-Media-Plattformen auch privat, folge Menschen oder Seiten, von denen ich spüre, dass sie meiner Seele und meinen Augen guttun. Das hatten wir ja schon mal, wenn du dich erinnerst: Was meinen Augen guttut, tut auch meiner Seele gut. Wenn ich mir schöne Dinge – Menschen, Tiere, Fashion, Design, Möbel und Inneneinrichtung – ansehe, bringt mich das runter, entspannt mich. Und das geht deswegen so gut, weil ich mittlerweile meine Mitte gefunden habe. Und genau das kannst du auch. Nimm dir einfach Zeit dafür!

Übrigens: Seit einiger Zeit habe ich zu einigen meiner alten Schulfreundinnen aus dem Iran wieder Kontakt – Social Media sei Dank! Sie haben mich wiedergefunden und wir folgen uns gegenseitig auf Instagram. Es ist schön zu sehen, dass es ihnen gut geht!

Aus Spaß wird Ernst

Zwei andere Freundinnen spielen in meinem Leben ebenfalls eine wichtige Rolle: Senna und Seyda. Versierte User kennen die beiden logischerweise auch mit vollem Namen: Senna Gammour, Sängerin und Moderatorin, und Seyda Taygur, Influencerin und leidenschaftliche Köchin. Außerdem sind sie Bestsellerautorinnen, Senna mit ihren witzig-ernsten Beziehungs- und Lebensratgebern, Seyda mit ihren coolen Kochbüchern. Zusammen waren wir die Ersten in Deutschland, die eine eigene Realityshow auf YouTube hatten: *Let's get real.*

Kennengelernt haben wir uns – wie soll's auch anders sein – über das Netz: Wir folgten uns gegenseitig, sahen uns unsere Posts an und likten sie – bis ich eines Tages von Seyda zu einer Veranstaltung eingeladen wurde, auf der sich ein sehr bekannter Make-up-Artist präsentierte.

Dort begegneten wir uns also zum ersten Mal live – und es war Liebe auf den ersten Blick! Ich sah Seyda an und dachte: »Wow, ist die schön!« Daneben stand Senna und ich dachte: »Girl, bist du krass!«

Senna kam sofort auf mich zu und rief: »Ich liebe deinen Gürtel! Der ist mega!«

»Schenke ich dir!«, sagte ich, und das war's. Wir verbrachten einen total coolen Abend miteinander, tranken Cocktails, sangen Dutzende von Liedern und feierten bis in den Morgen. Seit jenem Tag hören wir fast täglich voneinander und sind gute Freundinnen.

Wann immer es geht, besuchen wir uns gegenseitig. Und von Anfang an erlebten wir zusammen die heftigsten Dramen oder urkomische und schräge Sachen, einfach filmreife Momente. Und ständig sagte eine von uns: »Das müsste man jetzt aufnehmen!«

Schließlich, bei einem meiner Besuche bei den beiden in Berlin, brachten wir die Sache auf den Punkt. Plötzlich stand die Idee greifbar im Raum: Wir würden eine Realityshow machen, wir drei zusammen! Wir würden den Leuten zeigen, was hinter den Kulissen so alles passieren konnte, wie lustig es mit uns dreien wirklich war!

So wurde dann aus Spaß tatsächlich Ernst, der wiederum total viel Spaß machte. Das Format war neu in Deutschland. Natürlich gab es schon vorher Realityshows, aber eben keine, bei denen drei Freundinnen im Mittelpunkt stehen, die durch Social Media bekannt geworden sind.

Wir fanden eine Agentur, die unsere Idee zügig umsetzte, zunächst mit drei Pilotfolgen. Innerhalb von vier Tagen drehten wir drei je 20-minütige Folgen ab, die unglaublich witzig waren und super ankamen.

Vier-, fünfmal am Tag drehten wir; manche Szenen mehrfach hintereinander. Da wir im Hochsommer drehten, war es brütend heiß, vor allem in Bodrum in der Türkei. Bei der zehnten Wiederholung fällt es dir dann schon viel schwerer, so natürlich zu lachen wie die neun Male zuvor. Und du musstest dich jedes Mal wieder neu schminken, damit du beim zehnten Mal immer noch so gut aussiehst wie beim ersten Take. Puh, ganz schön stressig! Aber Spaß gemacht hat es trotzdem, und wie!

Hater und Neider

Klar, Instagram ist eine coole Sache – aber sie hat auch wirklich üble Schattenseiten. Nicht immer lief alles glatt, denn das Netz lädt viele Menschen dazu ein, sich einfach über andere herzumachen, ohne Konsequenzen befürchten zu müssen.

Ich musste sehr früh lernen, Kritik ertragen zu können und zu reflektieren – und auch, mit Mobbing umzugehen. Meine ersten Erfahrungen damit hatte ich ja bereits damals an der Hauptschule Degerloch gemacht. Jetzt aber, als ich begann, Instagram zu nutzen, wurde das Ganze auf eine neue Ebene gehoben.

Auch bei meinen Schulungen gab und gibt es hin und wieder Kundinnen, die mit meiner Art nicht zufrieden sind oder sich etwas anderes – vielleicht auch mehr – von mir erhofft haben. Die meisten aber haben dann nicht den Mut, mich oder eine meiner Mitarbeiterinnen direkt darauf anzusprechen, obwohl wir am Ende jeder Schulung in der Abschlussrunde noch genau dazu einladen. Was machen sie stattdessen? Genau, sie gehen nach Hause, setzen sich an die Tastatur und legen los.

Genauso ist es im Internet: Die meisten Leute teilen ihre Gedanken oder Meinungen eher hintenrum mit. Dabei sind negative Kommentare noch das Harmloseste. Was für Beleidigungen und Beschimpfungen unterhalb der Gürtellinie ich schon habe lesen müssen, das kann ich gar nicht zählen.

Eine Zeit lang hat mich das sehr mitgenommen. Gleich nach dem Aufstehen habe ich mich ans Handy gesetzt und meine Kommentare aktualisiert – und wurde erst mal so richtig schön von Kopf bis Fuß beschimpft, und meine Angehörigen noch dazu. Irgendwann habe ich dann beschlossen, das alles nicht mehr ungefiltert zu lesen und meine Assistentin zu bitten, eine Vorauswahl zu treffen. Das war echt nötig – denn wenn du nicht aufpasst und für dich eine innere Grenze ziehst, läufst du Gefahr, dass dich das Ganze irgendwann psychisch kaputtmacht, vor allem, wenn es jahrelang so geht. Es gibt Menschen, die sich aufgrund solcher Mobbinggeschichten am Ende sogar das Leben genommen haben.

Zum Glück gibt es seit April 2021 ein verschärftes Gesetz gegen Cybermobbing. Wer hetzt und droht, muss mit Anklagen und Verurteilungen rechnen. Ab sofort drohen bei Beleidigungen im Internet bis zu zwei Jahre Freiheitsstrafe.

Wer aber haut denn derlei Zeug in die Tasten? Es sind die unterschiedlichsten Menschen darunter: Jugendliche und Erwachsene, die sich einen bösen Streich erlauben, Neider und Hater oder einfach Leute, die in ihrem Leben nicht viel auf die Reihe bekommen haben und jetzt ihre Befriedigung darin suchen, andere Menschen kleinzumachen. Es sind Leute, die nur hinter irgendeinem Display stark sind. Menschen, die sehen wollen, dass du Fehler machst, nicht perfekt bist. Die anderen wehtun möchten.

Übrigens: Ich bin tatsächlich nicht perfekt. Das ist auch gar nicht mein Anspruch. Aber meine Arbeit muss perfekt sein, schon allein deswegen, weil ich mit Gesichtern arbeite. Da kann jeder Fehler verhängnisvoll sein. Perfektion bei meiner Arbeit ist mir absolut wichtig!

Mit Mobbing umgehen

Jede*r von uns muss seinen ganz persönlichen Weg finden, mit (Cyber-)Mobbing umzugehen. Ignorierst du das? Blockst du entsprechende Personen? Sagst du dir einfach, dass das dazugehört? Oder ärgerst du dich immer weiter darüber?

Ja, ich bin eine öffentliche Person, stehe im Rampenlicht, aber darf ich deshalb schlecht behandelt werden und als Mülleimer dienen? Absolut nicht! Auch ich bin ja in erster Linie einfach nur ein Mensch, genauso aus Fleisch und Blut, genauso verletzlich wie alle anderen. Und auch ich habe Schwächen wie alle anderen. Eine meiner Schwächen zum Beispiel – wenn man sie so bezeichnen kann – ist meine wirklich nicht perfekte deutsche Aussprache. Ich bin nun schon viele Jahre in Deutschland und spreche insgesamt sechs Sprachen, aber manchmal mache ich auf Deutsch immer noch grammatikalische Fehler oder spreche etwas falsch aus. Kein Wunder: Eine Fremdsprache akzentfrei zu sprechen, das lernt man nur, wenn man bis zum Alter von circa acht oder neun Jahren ins Land gekommen ist. Ich aber war ja bereits ein Teenager, als ich nach Deutschland kam, und man wird mir immer anhören können, dass ich nicht hier geboren wurde, auch wenn man dazu sehr genau hinhören muss.

Seit ich in Deutschland lebe, wurde ich deswegen immer wieder übel gemobbt und fertiggemacht, in der Schule, auf der Straße, in Geschäften und jetzt natürlich auch im Netz. Das nervt natürlich total – und manchmal raubt es mir auch die Hoffnung auf eine weltoffene und vorurteilsfreie Gesellschaft. Denn was bedeutet es für unsere Gesellschaft, wenn so viele Leute andere nicht akzeptieren, weil sie nicht akzentfrei sprechen? Wenn Menschen, die etwas falsch aussprechen, sofort als dumm, als nicht dazugehörig angesehen werden? Können Vorurteile und Fremdenfeindlichkeit denn niemals überwunden werden?

Ich hasse es, mich rechtfertigen und ständig gegen Vorurteile ankämpfen zu müssen. Und eine Zeit lang war ich davon so genervt, dass ich aufgehört habe, mit fremden Menschen zu sprechen oder Dinge zu posten.

Aber mittlerweile habe ich meine eigene Haltung dazu gefunden: Ich lösche beleidigende Kommentare einfach. Ich lese sie gar nicht bis zum Ende durch, ich schreibe nicht zurück, ich diskutiere nicht – ich lösche sie einfach und *basta*.

Warum ich sie nicht mehr durchlese? Weil sich diese ewigen Beleidigungen im Unterbewusstsein dann doch abspeichern würden: Wenn dir jemand oft genug sagt, dass du dumm bist, dann glaubst du das irgendwann in einem Teil deines Bewusstseins doch – oder du hinterfragst dich. Das kannst du nur vermeiden, wenn du dir all das gar nicht erst durchliest und es dadurch nicht nah an dich herankommen kann.

Warum ich nicht diskutiere? Weil man mit Menschen, die einem nur schaden wollen, nicht diskutieren kann.

Und warum ich diejenigen, die so etwas schreiben, nicht blockiere? Weil ich dann einen Abonnenten weniger habe. Das sehe ich schon gar nicht ein – und so wandle ich das Negative einfach in etwas Positives um: Der Mensch, der mir mit seinen bösen Kommentaren schaden will, hilft mir stattdessen, weil er als Follower zählt. Cool, oder?

Und deshalb …

Das ist also meine Strategie – vielleicht gefällt sie dir und du wendest sie in Zukunft auch an oder vielleicht entwickelst du eine eigene Methode, mit Mobbing umzugehen. Wichtig ist: Lass dich davon nicht kaputtmachen! Lass es nicht zu nah an dich heran, sieh zu, dass du es filterst.

Versuche, vielleicht auch etwas Positives darin zu sehen! Manche Kommentare – natürlich nur, wenn es nicht gerade Beleidigungen oder Boshaftigkeiten sind – kannst du vielleicht auch als berechtigte Kritik ansehen, die dich auf tatsächliche Schwächen oder Fehler aufmerksam macht. Das kannst du nutzen, um dich zu verändern und zu verbessern.

Wenn dir jemand sagt: »Dies oder das finde ich nicht so gut an dir«, dann überlege, ob da eventuell etwas dran ist und du es vielleicht annehmen oder zumindest darüber nachdenken kannst. Aber zweifle nicht an dir, nur weil andere irgendwelche Dinge über dich sagen. Lebe für dich – nicht für die anderen!

Mir haben die vielen gemeinen Kommentare über meine Aussprache auch etwas Positives gegeben: Ganz unrecht hatten sie ja nicht – und sie haben mich nachdenklich gemacht, mir auch gezeigt, wo ich wirklich noch an mir arbeiten und meine Aussprache verbessern kann. Und dass ich damit leben muss, dass man mir immer anhören wird, woher ich komme.

In gewisser Weise haben mir die Hater und Neider also dabei geholfen, zu mir zu finden, selbstsicherer und reifer zu werden. Und deshalb:

Suche immer das Positive!

Hier und heute

»Sofia?«

Ich schrecke auf. Für einen Moment bin ich noch weit fort, bin ich wieder in Gedanken dort, wo alles begonnen hat, damals in Tabriz, der Stadt im Norden des Irans, in der ich geboren wurde und die ich viele Jahre später verließ, um nie mehr zurückzukehren.

Im nächsten Augenblick aber bin ich wieder hier, in der Gegenwart. In meinem Studio, dem Ort, den ich mir erschaffen habe, um genau das zu tun, was mich ausmacht. Meinem Lieblingsort.

»Sofia?« Victoria, die heute für Selen gekommen ist, steht in der Tür und sieht mich aufmerksam an. »Deine Mutter hat gerade angerufen, ich soll dir ausrichten, dass sie schon im Restaurant ist. Ouided ist auch gleich dort und Gloria stößt später dazu.«

Ich stecke mein Handy ein und stehe auf. »Danke, ich komme!«

Während ich höre, wie Victoria draußen in den Behandlungsräumen die Lichter ausschaltet und sich dann ihre Jacke anzieht, sehe ich mich noch einmal um. Mein Blick gleitet über die Loungesessel, die Kunstbände daneben, den zartschimmernden Parkettfußboden und die hohen Rundbogenfenster, durch die das sanfte Abendlicht hereinfällt.

Ja, dies hier ist mein Ort, mein eigenes Reich, das ich mir geschaffen habe, mit der Hilfe und Unterstützung der Menschen, die mich auf meinem langen Weg hierhin begleitet haben. Einige davon werde ich jetzt gleich im Restaurant treffen, um gemeinsam mit ihnen zu essen.

Ich lege die Hand auf den Lichtschalter. Noch ein letztes Mal sehe ich mich um. Dies hier ist der Platz, an dem ich glücklich bin, jetzt und hier. Aber mein Weg ist noch nicht zu Ende. Dies hier ist noch nicht meine letzte Station.

Kapitel 13

Schön, stark und weich: Mein Leben als Selfmade Woman

Haltepunkte

Niemand kann seinen oder ihren Weg ganz allein gehen, dazu sind wir Menschen einfach nicht gemacht. Klar gibt es Eigenbrötler und Leute, die niemandem vertrauen und sich auf niemanden verlassen, aber das bedeutet, jeden Tag aufs Neue für sich ganz allein zu kämpfen. Der Seele tut das ganz bestimmt nicht gut.

Mein Weg war nicht immer einfach. Ich wurde oft aufgehalten und behindert. Wahrscheinlich werden auch dir auf deinem Weg Richtung Erfolg viele Steine in den Weg gelegt. Leider auch von Menschen, die dir den Erfolg nicht gönnen. Manchmal sind es sogar Menschen, die dir einst sehr nahestanden. Ich habe lernen müssen, mich von diesen Menschen zu trennen, auch wenn das oft sehr wehgetan hat.

Und ich weiß sehr genau, was es bedeutet, ganz allein auf sich gestellt zu sein. In meinen ersten Jahren in

Deutschland hatte ich zeitweilig niemanden, mit dem ich reden konnte – abgesehen von meiner Mutter. Damals habe ich gelernt, wie wichtig Freundschaften sind. Menschen, denen du vertrauen kannst.

Auf meinem langen, oft schwierigen Weg haben mich eine Handvoll Menschen begleitet, manchmal längere Strecken, andere kürzere. Immer dabei aber war meine Mutter.

Ich habe mein ganzes Leben lang mit ihr zusammengewohnt, und wenn es nach uns geht, wird das auch so bleiben.

Meine Mutter und ich sind ein sehr gutes Team und halten fest zusammen. Wir spüren immer, wie es der anderen geht und was sie braucht – wir ergänzen uns wunderbar. Das macht das gemeinsame Leben zu einer wirklich schönen Angelegenheit.

Der korrekte Vorname meiner Mutter, Parinaz, bedeutet im übertragenen Sinne »verwöhnter Engel« – Perry hingegen ist ihr Spitzname. Aber meine Mutter ist keineswegs verwöhnt, im Gegenteil: Sie hat mir immer vorgelebt, als Frau auf eigenen Beinen zu stehen. Sie ist eine sehr emanzipierte Frau. Manche Menschen betrachten das als Beleidigung. Ich aber verstehe das als Lob.

Denn Emanzipation bedeutet Gleichberechtigung. Und genau das hat meine Mutter mir beigebracht: stark zu sein und zu wissen, dass ich genauso viel kann und wert bin wie ein Mann. Und dass ich dafür aber auch genauso viel arbeiten muss, oder sogar noch mehr.

Sie selbst hat immer Ziele vor Augen gehabt und alles dafür getan, diese Ziele auch zu erreichen. Das geht aber nur, wenn man sehr diszipliniert ist. Arbeit kommt bei uns an erster Stelle. Einfach mal einen Tag liegen zu bleiben, wenn man sich nicht so gut fühlt, das gibt es bei uns nicht. Wenn wir krank sind, gehen wir zum Arzt, ansonsten zur Arbeit.

Meine Mutter war immer ein Vorbild für mich. Vor allem ihre Stärke und ihre Entscheidungskraft: »Wenn du Probleme hast«, hat sie mir von klein auf gesagt, »dann such nach einer Lösung.« Das ist eine gute Botschaft, finde ich. Und ich halte mich ebenfalls daran.

Damals, als wir den Iran verlassen haben, wusste meine Mutter ganz genau, dass sie nur diese eine Chance hat, ihr eigenes Leben selbstbestimmt zu leben: Wenn sie ihren Mann und ihre fast erwachsenen Söhne zurücklässt und gemeinsam mit mir neu anfängt. Das war eine sehr harte Entscheidung, aber sie hat sie getroffen und durchgezogen. Auch für mich. Und dafür bin ich ihr sehr dankbar.

Große und kleine Pläne

Eins kann ich versprechen: Senna, Seyda und ich machen weiter mit unserer Realityshow! Wann und wie genau, darf ich noch nicht verraten, aber du kannst dich schon mal freuen.

Was außerdem noch kommen wird, sind eigene, von mir konzipierte Beauty-Produkte. Und ich habe noch viel mehr Pläne: Ich werde meine *Academy* weiter ausbauen. Momentan arbeite ich daran, die Schulungen zu digitalisieren.

Ich habe immer das Gefühl gehabt, dass etwas Großes passieren wird. Und ich habe immer noch das Gefühl, dass irgendetwas auf mich wartet. Ihr werdet also noch von mir hören …

Bausteine zum Glück

Im Leben kommen und gehen die Menschen, die uns begleiten, aber manche bleiben an deiner Seite. Das müssen nicht viele sein – ein paar reichen aus, für manche auch nur eine einzige Person.

Das muss übrigens nicht unbedingt dein Partner oder deine Partnerin sein. Es kann eine Freundin sein, dein Bruder, irgendjemand, dem du vertrauen kannst, bei dem du dich nicht erklären musst. Du brauchst als Frau auch nicht unbedingt einen Mann, um erfolgreich zu sein. Eine Frau kann alles auch allein durchziehen, ohne auf einen Mann im Vorder- oder Hintergrund angewiesen zu sein. Sieh mich an oder die vielen anderen Frauen, die es geschafft haben. Das kannst du auch!

Aber zum beruflichen Erfolg und zum persönlichen Glück braucht es ein paar Bausteine, die dir dabei helfen, eine stabile Basis zu schaffen. Jede*r von uns muss selbst herausfinden, welche für sie oder ihn geeignet und notwendig sind. Für mich sind es auf jeden Fall Freundschaften und Familie, Menschen, denen ich vertrauen kann. Fleiß, Bildung, Ehrgeiz und harte Arbeit sind weitere Bausteine. Und meine innere Entwicklung.

Ich persönlich bin sehr mit meinen inneren Prozessen beschäftigt, bewerte mich selbst, prüfe mich immer wieder aufs Neue. Dabei bin ich sehr streng zu mir. Und wenn ich einen Fehler mache, dann erkenne ich das recht schnell und versuche, ihn zu korrigieren und nicht noch einmal zu machen. Ich versuche, bewusst zu leben, in allen Belangen. Und das ist mein größter Erfolg: Ich habe mich selbst gefunden.

Das heißt nicht, dass ich am Ende meiner Entwicklung angekommen bin. Ich versuche jeden Tag aufs Neue, ein besserer Mensch zu werden und meine Balance zu halten.

Auch ich habe Tage, an denen nicht alles rundläuft, an denen ich ins Chaos abdrifte, Monate, Phasen, in denen ich mich wieder neu sortieren muss, Zeiten, in denen der Körper überlastet ist und der Kopf überfordert. Mein Problem ist, dass ich immer versuche, korrekt, gradlinig, straight und fehlerlos zu funktionieren. Natürlich kann das nicht klappen, denn niemand ist perfekt.

In solchen Momenten neige ich dazu, mich selbst zu bestrafen. Ich bin sehr hart mit mir, habe sozusagen ein Gericht in meinem Kopf: Vor diesem stehe ich als Opfer, aber zugleich als die Angeklagte, die Anwältin und die Richterin. Mein Urteil fällt immer vernichtend aus. Dann leide ich sehr, verkrieche mich in mein Bett und sage mir selbst, dass ich genau das verdient habe.

Daran muss ich noch arbeiten: in Zukunft gnädiger mit mir selbst zu sein. Schwierige Phasen gehören zum Leben, so ist es nun mal. Wir müssen lernen, damit umzugehen und das Beste daraus zu machen.

Aber gib dich niemals auf! Ob du diesen Rat annimmst oder nicht, ist ganz allein deine Entscheidung. Doch wenn du aufgibst, dann gibst du auch deine Träume und deine Hoffnung auf. Und ohne Hoffnung kann ein Mensch nicht leben. Hoffnung ist einer der wichtigsten Bausteine zum Glück.

Der größte Erfolg

Erfolg – das verbinden viele Menschen mit Geld und Ruhm. Aber das ist nur der vordergründige Schein. Denn der alte Spruch stimmt (leider): Geld allein macht nicht glücklich.

Der wahre, langfristige Erfolg, die beste Investition, das bist du selbst. Und du selbst bist ganz nah – du bist nämlich hier! Wenn du an dir arbeitest, stets bemüht bist, ein besserer Mensch zu werden, dann bist du selbst der größte Erfolg!

Wir alle suchen ständig nach Antworten, wir alle suchen das Glück, wähnen es weit fort, in der Ferne. Dabei können wir es doch ganz in der Nähe finden: in uns. Wir selbst sind nämlich das Glück und die Zuversicht, wir selbst sind die Frage und die Antwort.

Natürlich bietet es eine gewisse Befriedigung, nach außen hin das Bild einer perfekten, erfolgreichen Person abgeben zu können. Aber das alles nützt nichts, wenn es im Innern nicht gut aussieht. Das Glück und der Erfolg liegen in uns selbst, in dir und in mir. Deshalb ist es wichtig zu wissen, was du eigentlich im Leben erreichen willst, deine Stärken und Schwächen zu kennen, sich die richtigen Fragen zu stellen: Wo führt meine Reise hin? Was möchte ich erreichen? Wo stehe ich und wo will ich mich in Zukunft sehen?

Einfach so in den Tag hineinzuleben und keine Vorstellung, keine Vision zu haben, das wird dich im Leben nicht weiterbringen. Versuche, dir vorzustellen, was du erreichen möchtest – allein durch dieses Visualisieren kommst du deinen Träumen schon näher.

Als sehr junges Mädchen hatte ich ein Erlebnis, das mir genau das klarmachte und das mich seither mein ganzes Leben lang begleitet. Erinnerst du dich an mein erstes Fahrrad, jenes pinkfarbene Damenrad, das meine Mutter damals in Degerloch im Sperrmüll gefunden hatte und mir schenkte?

Mit genau diesem Rad fuhr ich damals so oft durch die Maisfelder und fühlte jene unbestimmte Freiheit, nach der ich mich so lange gesehnt hatte. Eines Abends in der Dämmerung, als ich wieder einmal unterwegs war, hielt ich auf dem Nachhauseweg am Feldrand an, legte mein Fahrrad ins Gras und setzte mich auf eine kleine Böschung. Der Himmel über mir leuchtete so intensiv blau, dass es mich fast schaudern ließ. Ich sah hinauf in die langsam einsetzende Dunkelheit und spürte auf einmal, wie sehr ich mich nach etwas sehnte, was mich glücklich machen würde. Ich, das ungebildete, arme Flüchtlingsmädchen – welche Chance würde ich im Leben haben, in diesem Land, in dem niemand auf mich gewartet hatte?

Ich legte den Kopf in den Nacken und auf einmal kamen die Worte wie von selbst aus mir heraus: »Lieber Gott, wenn du da oben bist, dann schenke mir bitte etwas, womit ich leben und arbeiten kann! Gib mir etwas, mit dem ich mich selbst befreien kann!«

Und Gott gab mir tatsächlich etwas, das habe ich später begriffen. Er gab mir meine Hände, mit denen ich arbeiten kann, mit denen ich Schönheit formen und gestalten kann, um andere Menschen und mich selbst glücklich zu machen.

Seither weiß ich: Wenn du dir etwas von ganzem Herzen wünschst und fest daran glaubst, dann bekommst du es auch!

Und deshalb …

Ich lebe sehr diszipliniert, gebe immer 100 Prozent und trenne stark zwischen meiner Arbeit und meinem Privatleben. Umso mehr Überwindung hat es mich gekostet, jetzt so frei heraus über mich zu schreiben. Gleichzeitig aber hat es mir auch große Freude bereitet. Denn während der Arbeit an diesem Buch habe ich noch einmal ganz deutlich gemerkt: All das, was ich erlebt habe, all das Schöne und Schreckliche, das Traurige und Bewegende, all das gehört eben zu mir. Das Leben mit all seinen Höhen und Tiefen ist ein großes Glück und ein Fächer aus Gefühlen und Gedanken. Wichtig ist, sich anzunehmen, mit allem Drum und Dran. Und immer weiter an sich zu arbeiten.

Ich liebe es, mich inspirieren zu lassen und wiederum andere zu inspirieren. Und ich habe eines verstanden: *Share it,* teile. Denn wenn du teilst, dann wirst du größer. Leider ist das noch nicht so richtig in unserer Gesellschaft angekommen, weil wir nicht gern abgeben und lieber alles für uns haben möchten. Aber: Nur wenn du gibst, bekommst du etwas zurück. Und zwar doppelt und dreifach.

Ich bin für jeden einzelnen Teil von mir, den Gott mir geschenkt hat, dankbar. Und ich habe immer daran geglaubt, dass es irgendetwas gibt, das höher steht als wir.

Und: Ich glaube fest daran, dass jeder Mensch auf der Welt sein eigenes Ziel finden und verfolgen kann, egal, wie du heißt und aussiehst, wie alt du bist, woher du kommst und wohin du willst.

Auch mein Weg ist noch nicht zu Ende. Er geht noch weiter – und ich freue mich auf alles, was noch vor mir liegt.

Und das kannst du auch! Deshalb:

Geh deinen Weg!

Danksagung

Ein langer Weg liegt hinter mir. Danken möchte ich allen Menschen, die an mich geglaubt und mich unterstützt haben. Ohne euch wäre ich heute nicht da, wo ich stehe.

Vor allem aber möchte ich dem einen Menschen von Herzen danken, der die ganze Zeit über an meiner Seite gestanden hat: meiner Mutter – und ich hoffe, dass wir noch ein sehr langes Stück meines Weges gemeinsam weitergehen können!

Über die Autorinnen

Sofia Ghasab, Jahrgang 1986, kam nach ihrer Flucht aus dem Iran als Teenager nach Deutschland und lebt heute in Stuttgart. Nach ersten Schritten in der Kosmetikbranche holte sie ihr Fachabitur nach, studierte Kunst und gründete erst eine eigene Firma, dann eine deutschlandweit agierende Akademie für Microblading. 2018 brachte sie zudem ihre eigene Augenbrauen-Produktlinie heraus. Mit ihren Vorher-nachher-Fotos ihrer sehr gelungenen Augenbrauenbehandlungen wurde sie vor allem auf Instagram einem Millionenpublikum bekannt und ist heute eine äußerst erfolgreiche Influencerin. In diesem Buch gibt sie erstmals Einblicke in ihre wechselhafte Biografie – und zugleich Tipps für einen gelungenen Start ins Businessleben.

Karen-Susan Fessel, Jahrgang 1964, studierte Theaterwissenschaft, Germanistik und Romanistik und lebt als freie Schriftstellerin, Journalistin und Dozentin für Schreibseminare in Berlin. Sie hat bisher über 40 Romane und Erzählbände für Kinder, Jugendliche und Erwachsene geschrieben, von denen einige mehrfach ausgezeichnet und übersetzt wurden, dazu einige Sachbücher.

Bibliografische Information der Deutschen Nationalbibliothek
Die Deutsche Nationalbibliothek verzeichnet diese Publikation in der Deutschen Nationalbibliografie. Detaillierte bibliografische Daten sind im Internet über http://dnb.d-nb.de abrufbar.

Für Fragen und Anregungen
info@rivaverlag.de

Originalausgabe
1. Auflage 2021

Türkenstraße 89
80799 München
Tel.: 089 651285-0
Fax: 089 652096

Redaktion: Selina Hartmann
Umschlaggestaltung: Isabella Dorsch
Umschlagabbildung: Natascha Lindemann, www.nataschalindemann.de
Layout und Satz: Andreas Linnemann
Druck: GGP Media GmbH Pößneck
Printed in Germany

ISBN Print 978-3-7423-1713-1
ISBN E-Book (PDF) 978-3-7453-0663-7
ISBN E-Book (EPUB, Mobi) 978-3-7453-1399-4

Wir produzieren nachhaltig
www.m-vg.de

Weitere Informationen zum Verlag finden Sie unter
www.rivaverlag.de
Beachten Sie auch unsere weiteren Verlage unter www.m-vg.de